SICHUAN SHENG GONGCHENG JIANSHE BIAOZHUN SHEJI

四川省工程建设标准设计

四川省预应力钢筋混凝土叠合板

四川省建筑标准设计办公室

图集号 川2018G131-TY

西南交通大学出版社
·成 都·

图书在版编目（C I P）数据

四川省预应力钢筋混凝土叠合板 / 四川省建筑科学研究院主编. —成都：西南交通大学出版社，2019.1
ISBN 978-7-5643-6673-5

Ⅰ. ①四… Ⅱ. ①四… Ⅲ. ①预应力混凝土结构－钢筋混凝土结构－叠合板－建筑设计－四川－图集 Ⅳ. ①TU375.2-64

中国版本图书馆 CIP 数据核字（2018）第 290931 号

责任编辑　李芳芳
封面设计　何东琳设计工作室

Sichuan Sheng Yuyingli Gangjin Hunningtu Dieheban
四川省预应力钢筋混凝土叠合板
川 2018G131-TY

主编　四川省建筑科学研究院

出版发行	西南交通大学出版社（四川省成都市二环路北一段 111 号 西南交通大学创新大厦 21 楼）
发行部电话	028-87600564　028-87600533
邮政编码	610031
网　址	http://www.xnjdcbs.com
印　刷	四川煤田地质制图印刷厂
成品尺寸	260 mm × 185 mm
印　张	3.25
字　数	75 千
版　次	2019 年 1 月第 1 版
印　次	2019 年 1 月第 1 次
书　号	ISBN 978-7-5643-6673-5
定　价	38.00 元

四川省住房和城乡建设厅

川建标发〔2018〕669号

四川省住房和城乡建设厅关于发布《四川省预应力钢筋混凝土叠合板》(川2018G131-TY)、《四川省预应力钢筋混凝土叠合梁（矩形）》(川2018G132-TY) 为省标通用图集的通知

各市（州）及扩权试点县(市)住房城乡建设行政主管部门：

由四川省建筑标准设计办公室组织、四川省建筑科学研究院主编的《四川省预应力钢筋混凝土叠合板》《四川省预应力钢筋混凝土叠合梁（矩形）》，经审查通过，现批准为四川省建筑标准设计省标通用图集，图集编号分别为川2018G131-TY、川2018G132-TY，自2018年11月2日起施行。

该图集由四川省住房和城乡建设厅负责管理，四川省建筑科学研究院负责具体解释工作，四川省建筑标准设计办公室负责出版、发行工作。

特此通知。

四川省住房和城乡建设厅

2018年8月15号

《预应力钢筋混凝土叠合板》

编审名单

主 编 单 位：四川省建筑科学研究院

编制组负责人：张　瀑

编制组成员：张　瀑　鲁兆红　张天平　赵干荣　宋可加

审 查 组 长：梁　虹

审查组成员：赵仕兴　邓世斌　颜有光　龚小兵

预应力钢筋混凝土叠合板

批准部门：四川省住房和城乡建设厅　　批准文号：川建标发〔2018〕669号
主编单位：四川省建筑科学研究院　　图 集 号：川2018G131-TY
实施日期：2018年11月02日

主编单位负责人：
主编单位技术负责人：
技术审定人：
设计负责人：

目录

编 制 说 明

1 适用范围

1.1 本图集适用于环境类别为一类的一般民用建筑的楼面板及屋面板。

1.2 本图集适用于单板宽度为3 000 mm及以下，跨度为3 000~5 700 mm的预应力钢筋混凝土叠合板。

2 编制依据

2.1 《四川省住房和城乡建设厅关于同意编制〈四川省预应力混凝土叠合板图集〉等七部省通用标准图集的批复》(川建标发〔2018〕295)。

2.2 设计依据

《建筑结构荷载规范》	GB 50009-2012
《混凝土结构设计规范》	GB 50010-2010(2015年版)
《建筑设计防火规范》	GB 50016-2014
《混凝土结构工程施工质量验收规范》	GB 50204-2015
《预应力混凝土用钢丝》	GB/T 5223-2014
《装配式混凝土建筑技术标准》	GB/T 51231-2016
《建筑结构制图标准》	GB/T 50105-2010
《钢筋焊接网混凝土结构技术规程》	JGJ 114-2014
《四川省建筑工业化混凝土预制构件制作、安装及质量验收规程》	DBJ 51/T008-2015
《四川省装配式混凝土建筑设计标准》	DBJ 51/T024-2017
《预应力结构设计及施工技术规程》	DBJ 51/T031-2014
《四川省工业化住宅设计模数协调标准》	DBJ 51/T064-2016

3 材料

3.1 预应力钢筋混凝土叠合板底板混凝土强度等级为C40，现浇叠合层的混凝土强度等级不低于C30。

3.2 普通受力钢筋采用HRB400钢筋，分布钢筋采用HPB300钢筋。

3.3 预应力钢筋采用消除应力螺旋肋钢丝，其性能应符合国家标准《预应力混凝土用钢丝》(GB/T5223-2014)的要求，抗拉强度标准值为1860 N/mm²。

3.4 吊环采用HPB300热轧钢筋或Q235B热轧圆钢。

4 编制原则

4.1 本图集预应力钢筋混凝土叠合板安全等级为二级，设计使用年限50年，重要性系数λ_0=1.0。

4.2 本图集预应力钢筋混凝土叠合板按照施工阶段设有可靠支撑的叠合式受弯构件进行设计。

4.3 本图集为预应力钢筋混凝土叠合板（以下简称“叠合板”），由三块密拼的预应力钢筋混凝土叠合板底板（以下简称“底板”）加现浇混凝土叠合层组成。

4.4 本图集底板厚度统一为50 mm，现浇层厚度根据板跨度分别采用60 mm、70 mm、80 mm、100 mm及110 mm。

4.5 本图集楼板标准设计荷载类别按表1执行。

表1 标准设计荷载类别表

荷载类别	2	3	4
附加恒荷载 g (kN/m²)	1.5	1.5	1.5
活荷载 q (kN/m²)	2.0	3.0	4.0

注:附加恒载指不包括底板及叠合层自重的楼(屋)面永久荷载。

4.6 叠合板正常使用阶段的最大裂缝宽度允许值为0.2 mm。

4.7 叠合板的挠度按荷载效应标准组合并考虑荷载长期作用影响的刚度进行计算，叠合板的挠度限值取l_0/250，l_0为板的计算跨度。

4.8 预应力钢筋张拉控制应力$\sigma_{con}=0.7f_{ptk}$，单根钢筋张拉力为25.5 kN，有效预应力值不应小于1000 MPa。

编制说明						图集号	川2018G131-TY
审核	张天平	校对	赵干荣	设计	宋可加	页	2

4.9　现浇叠合层中板面负筋的混凝土保护层厚度为15 mm。

4.10　底板吊装时考虑动力系数1.5。

4.11　底板在放张、堆放、运输及吊装等各个阶段均不允许出现裂缝。

4.12　底板中普通钢筋配置宜采用钢筋焊接网。

4.13　使用本图集板设计时荷载传递和钢筋配置遵循如下:

(1)本图集中，跨度方向为预应力钢筋配置方向。

(2)本图集跨度方向按照单向连续板复核叠合板的极限承载力。配筋面积按两跨连续板、三跨连续板、五跨连续板计算的配筋量取包络统计。

(3)使用本图集时，可以按照双向导荷的方式进行整体结构分析。板周边支撑构件承担的竖向荷载可以参照中间底板两边支撑、两侧边板三边支撑考虑。

(4)当底板尺寸小于3 m，可以制作为一块底板时，由设计确定。

5 叠合板选用原则

5.1　在选用本图集的叠合板时，设计单位应根据使用荷载选择叠合板类型；制作单位应依据设计单位选择的叠合板类型及本图集的规定，按照每开间三块底板的原则确定预应力底板的尺寸及配筋；施工单位应按照本图集的施工要求完善支撑体系及现浇叠合层附加钢筋的设置。

5.2　设计选用原则:

5.2.1　设计在平面设计时宜选用第13页“单块楼板常用尺寸选用表”中的楼板尺寸。

5.2.2　设计宜以短边为底板跨度，根据叠合板的设计荷载，按照第14~15页“叠合板选用表”选择叠合板的型号，即确定叠合板的厚度及跨度方向的叠合层支座负筋；依据垂直跨度方向的尺寸，按照第18~23页“底板选用表”确定底板的配筋。

5.2.3　设计应按照整体计算结果确定垂直跨度方向现浇叠合层支座负筋。

5.2.4　设计应在图纸上标明所有负筋的配筋及所选用的叠合板的型号。

5.2.5　当采用周边简支板时，设计应复核底板配筋并在设计文件中明确。

5.3　制作选用原则:

5.3.1　制作单位按照设计图纸提供的叠合板型号划分三块底板。

5.3.2　单块楼板为第18页“单块楼板常用尺寸选用表”中的楼板尺寸时，可按照第19~24页“底板选用表”确定底板配筋，确定底板的制作长度L_s、宽度B_s及配筋。

5.3.3　单块楼板为第13页“单块楼板常用尺寸选用表”中以外的楼板尺寸时，制作单位可按三拼底板确定制作长度L_s、宽度B_s后，按照第16~17页的每米宽配筋量表确定底板配筋。核算时，底板平均压应力应满足第16~17页“底板配筋量表”要求。

5.3.4　底板宽度划分不宜超过2.4 m，当宽度大于2.4 m时，可采取直立运输的方式。

5.3.5　底板开洞尺寸不大于200 mm时，可按第13页执行，开洞采用工厂预留的方式。

5.3.6　底板切角尺寸符合第13页的要求时，可按第13页执行，切角采用工厂预留的方式。

5.4　现场施工选用原则:

5.4.1　底板的安装应符合第8条的要求。

5.4.2　现浇叠合层中的配筋应符合设计文件及本图集的要求。

5.4.3　板面附加钢筋的配置应符合第14~15页配筋表的要求。

6 命名规则及选用示例

6.1　叠合板编号(设计选用)

YDBxx(x)

预应力钢筋混凝土叠合板(简称“叠合板”)

叠合板跨度 以dm计

叠合板设计活荷载等级 2 3 4

编制说明							图集号	川2018G131-TY
审核	张天平	张天平	校对	赵干荣	赵干荣	设计	宋可加	宋可加	页	3

6.2 底板编号(制作选用)

YDBxx(x)-xx

- 预应力钢筋混凝土叠合板(简称“叠合板”)
- 叠合板跨度 以dm计
- 叠合板设计活荷载等级 2 3 4
- 叠合板垂直跨度方向尺寸 以dm计

例1：编号YDB33(2)。

表示预应力钢筋混凝土叠合板(简称“叠合板”)，跨度3.3 m，叠合板荷载等级2级，即：叠合板的附加恒载1.5 kN/m^2(不含底板和现浇叠合层的自重)，活载为2.0 kN/m^2。

例2：编号YDB33(2)-45。

表示预应力钢筋混凝土叠合板底板(简称“底板”)，跨度3.3 m，垂直跨度方向尺寸4.5 m，叠合板荷载等级2级，即：叠合板的附加恒载1.5 kN/m^2(不含底板和现浇叠合层的自重)，活载为2.0 kN/m^2。

6.3 设计单位选用方法及步骤

6.3.1 计算附加荷载及活荷载，并根据本说明第4.5条表1选定荷载类别。

6.3.2 查第14页~15页表选取板型编号及叠合层支座负钢筋数量。

例3：设计选用

(1)跨度3.9 m，恒载1.5 kN/m^2，活载2.0 kN/m^2。

可选编号为：YDB39(2)。

表示预应力钢筋混凝土叠合板(简称“叠合板”)，跨度3.9 m，叠合板荷载等级2级，即：叠合板的附加恒载1.5 kN/m^2(不含底板和现浇叠合层的自重)，活载为2.0 kN/m^2。

(2)跨度3.9 m，恒载2.0 kN/m^2，活载2.0 kN/m^2。

荷载设计值：$2.0\times1.2+2.0\times1.4=5.2$ kN/m^2。

按荷载等级为3级时荷载设计值：

$1.5\times1.2+3.0\times1.4=6.0$ kN/m^2

可选编号为：YDB39(3)。

表示预应力钢筋混凝土叠合板(简称“叠合板”)，跨度3.9 m，叠合板荷载等级3级，即：叠合板的附加恒载1.5kN/m^2(不含底板和现浇叠合层的自重)，活载为3.0kN/m^2。

例4：制作选用。

(1)跨度3.9 m，恒载1.5 kN/m^2，活载2.0 kN/m^2，垂直跨度方向4.2 m。

底板可选YDB39(2)-42。

表示预应力钢筋混凝土叠合板底板(简称“底板”)，跨度3.9 m，垂直跨度方向尺寸4.2 m，叠合板荷载等级2级。3.9 m×4.2 m叠合板由三块密拼的3.70 m×1.33 m底板(厚度50 mm)加上部现浇叠合层(厚度70 mm)组成。

(2)跨度3.9 m，恒载2.0 kN/m^2，活载2.0 kN/m^2，垂直跨度方向4.2 m。

底板可选YDB39(3)-42。

表示预应力钢筋混凝土叠合板底板(简称“底板”)跨度3.9 m，垂直跨度方向尺寸4.2 m，叠合板荷载等级3级。3.9 m×4.2 m叠合板由三块密拼的3.70 m×1.33 m底板(厚度50 mm)加上部现浇叠合层(厚度70 mm)组成。

7 制作要求

7.1 底板的制作应遵守《四川省建筑工业化混凝土预制构件制作、安装及质量验收规程》(DBJ 51/T008-2015)及《混凝土结构工程施工规范》(GB 50666-2011)的规定。

7.2 制作单位应按照产品标准进行生产制作。

7.3 预应力宜采用成组张拉方式施加，混凝土浇筑前应抽取1根预应力钢筋测定实际预应力值。

7.4 底板中设置的预埋件应符合设计要求。

7.5 底板上表面应为粗糙面，做成清除浮浆，用机械或扫把在表面划痕的人工粗糙面。

7.6 放张时的混凝土立方体抗压强度不应低于设计强度等级的75%，且宜采取成组缓慢放张措施。

7.7 出厂时，制作单位应提供底板产品合格证书。

8 安装施工要求

8.1 叠合板施工应遵守《四川省建筑工业化混凝土预制构件制作、安装及质量验收规程》(DBJ 51/T008-2015)及《混凝土结构工程施工规范》(GB 50666-2011)的规定。

8.2 底板吊装时应慢起慢落，并防止与其他物体相撞；应保证起重设备的吊钩位置、吊具及构件重心在垂直方向重合；吊点为六点时应采用专用吊具。

8.3 堆放场地应平整夯实，堆放时使板与地面之间应有一定的空隙，并设排水措施。板两端(至板端200mm)均应设置垫木，垫木间距不大于1.5 m，且垫木应上下对齐。

8.4 底板就位前应在跨中及紧贴支座部位均设置临时支撑。支撑间距1.5 m，宜从跨中向两边排列，按板跨度选用2撑或3撑方式，如图1、2所示。支撑顶面应严格抄平，以保证底板板底平整。各层支撑应设置在一条竖直线上。沿宽度方向，支撑杆间距1.5 m，最大悬挑长度为300 mm。

8.5 本图集叠合板由三块底板拼成，如第8页图所示。

8.6 施工时应按第10页~11页要求在底板表面放置构造钢筋、连接钢筋及拉筋。

8.7 现浇叠合层钢筋应按图纸放置，验收合格后可浇筑混凝土。

8.8 施工均布荷载不应大于1.5 kN/m^2，荷载不均匀时单板范围内折算均布荷载不宜大于1.0 kN/m^2，否则应采取加强措施。施工中应防止构件受到冲击作用(以上施工均布荷载不包括均匀分布的叠合层混凝土自重)。

8.9 底板拼缝处理宜在交付前实施，坡口内可采用弹性腻子填充后，表面采用纤维加强处理后进行装饰作业。

9 质量检验

9.1 叠合板的质量验收应符合《混凝土结构工程施工质量验收规范》(GB 50204-2015)以及《四川省建筑工业化混凝土预制构件制作、安装及质量验收规程》(DBJ 51/T008-2015)中的有关规定。

9.2 按本图集生产的底板，出厂检验应符合《四川省建筑工业化混凝土预制构件制作、安装及质量验收规程》(DBJ 51/T008-2015)中的有关规定，不超过6个月且每生产1000件应抽取1件按本节要求进行构件

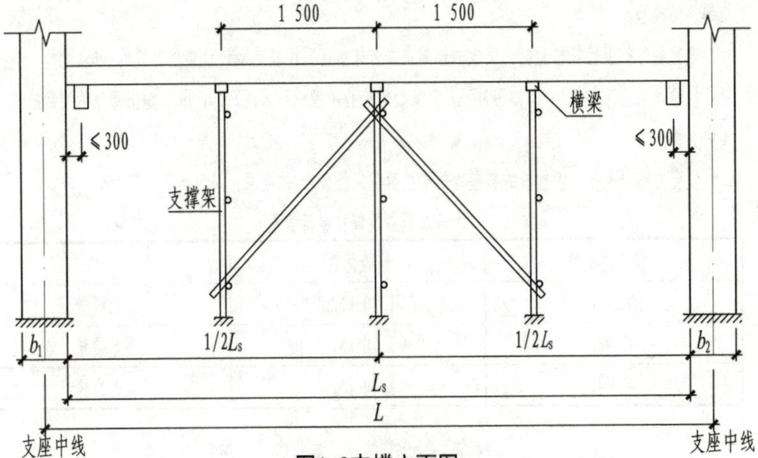

图1 3支撑立面图

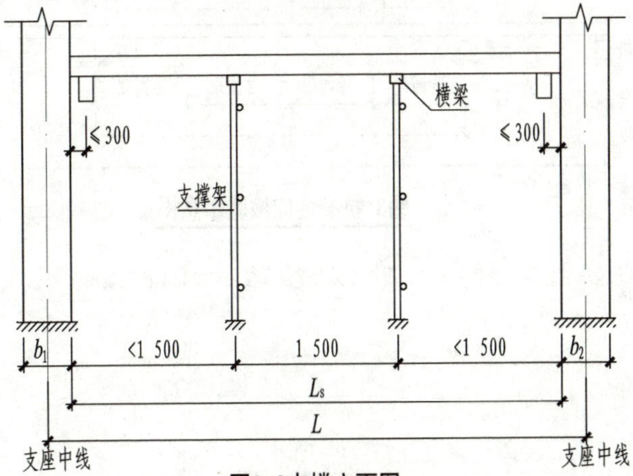

图2 2支撑立面图

编制说明								图集号	川2018G131-TY
审核	张天平	张天平	校对	赵干荣	赵干荣	设计	宋可加	宋可加	页 5

抗裂性能检验。

9.3 进行构件抗裂性能检验时，底板的混凝土立方体抗压强度应达到设计强度等级的100%。

9.4 检验采用均布加载形式(如图3所示)。底板的检验跨度统一采用2 000 mm，超出部分的端部应作相应支撑。

9.5 预应力混凝土叠合板拼板的抗裂性能检验荷载应符合表2的要求。

表2 抗裂性能检验荷载表

预应力钢筋	检验荷载	
$\Phi^H5@300$	1.80 kN/m^2	无裂缝
$\Phi^H5@250$	2.10 kN/m^2	无裂缝
$\Phi^H5@200$	2.40 kN/m^2	无裂缝

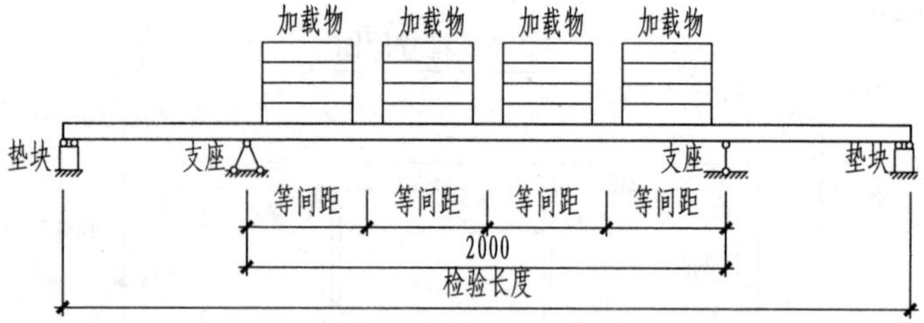

图3 抗裂性能检验示意图

10 四川东泉机械设备制造有限公司、四川省第七建筑工程公司协助本图集编制。

编制说明									图集号	川2018G131-TY
审核	张天平	(签名)	校对	赵干荣	(签名)	设计	宋可加	(签名)	页	6

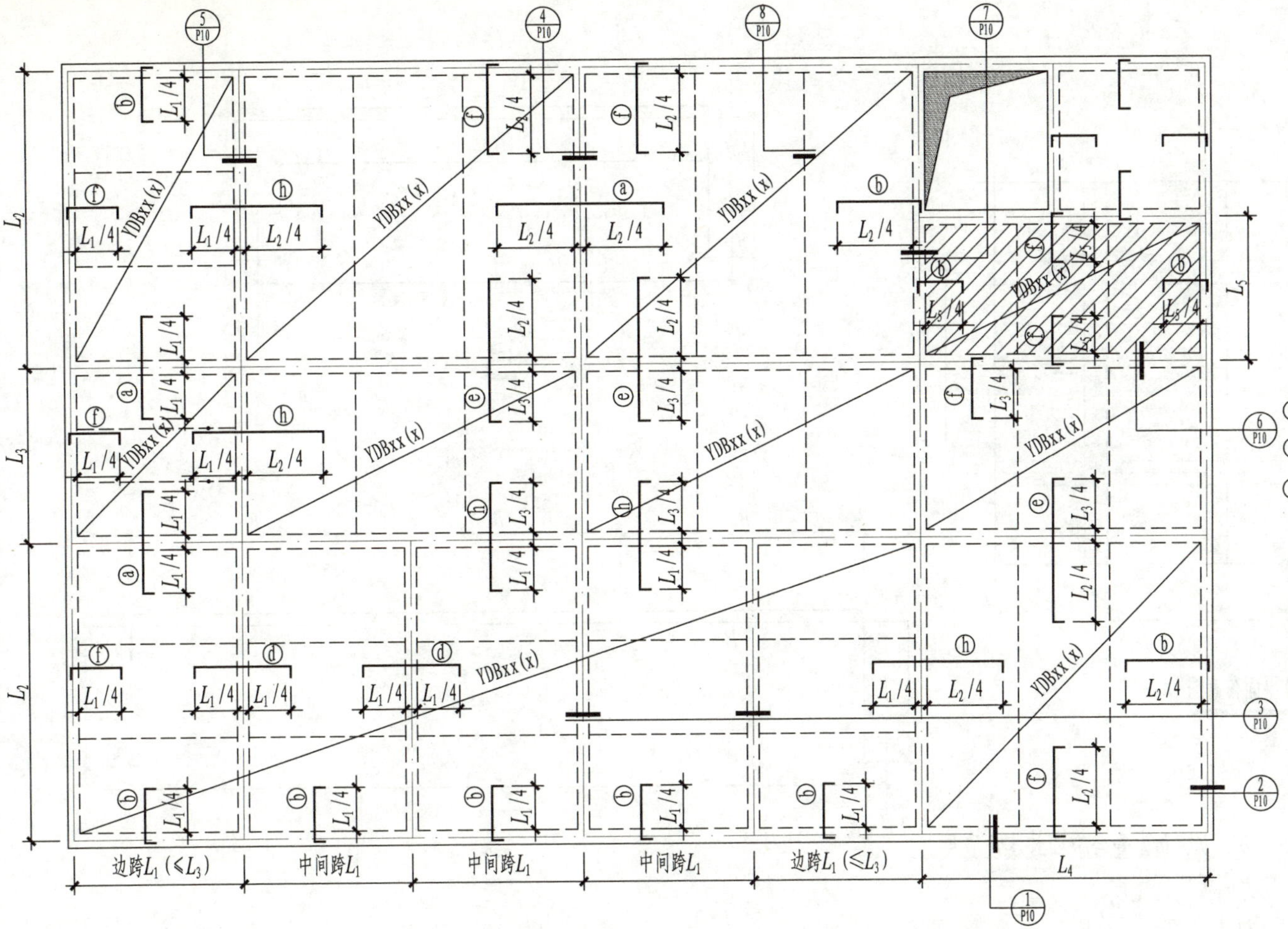

说明：

1. 图中YDBxx(x)表示叠合板，其中未标注的板为全现浇板。
2. 图中虚线表示底板拼缝，虚线方向表示底板拼板方向。
3. 本图中板面负筋：

ⓐ~ⓑ号负筋按设计计算结果配筋；

ⓒ~ⓔ号负筋按本图集后附表选用；

ⓕ、ⓗ号负筋按本图集中边跨内支座及设计计算结果两者取包络值配筋。

4. 本图中板底钢筋：

YDBxx(x)区域底筋不需画出，制作时按本图集后附表选用；现浇板区域底筋按正常设计计算值配筋。

5. 图中支座负弯矩钢筋长度为最小要求，当叠合板为非等跨非均匀荷载时，计算确定的支座弯矩负钢筋向跨内的延伸长度应覆盖负弯矩图。
6. 图中：▨表示板面标高变化区域。

叠合板平面布置及支座配筋示意图

叠合板平面布置及支座配筋示意图							图集号	川2018G131-TY
审核	张天平	张天平	校对	赵干荣	赵干荣	设计 宋可加 宋可加	页	7

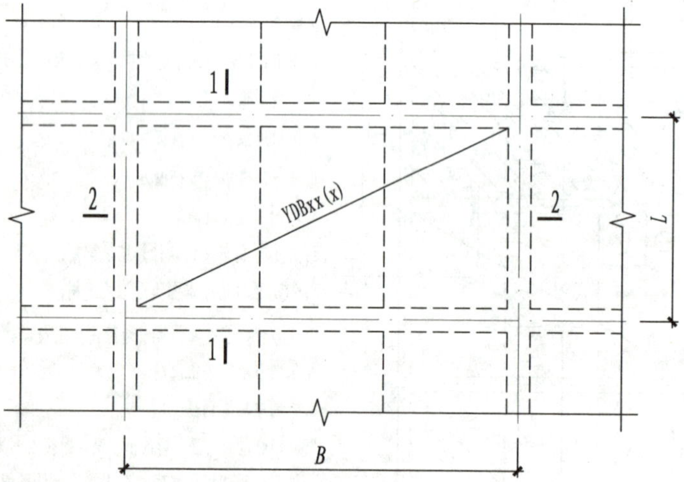

底板（三拼）平面布置图

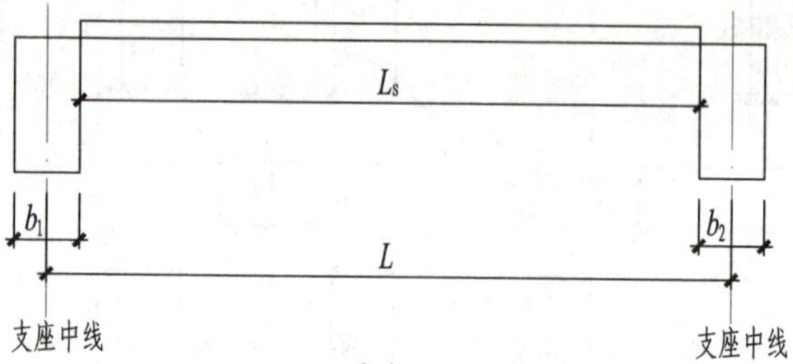

1-1

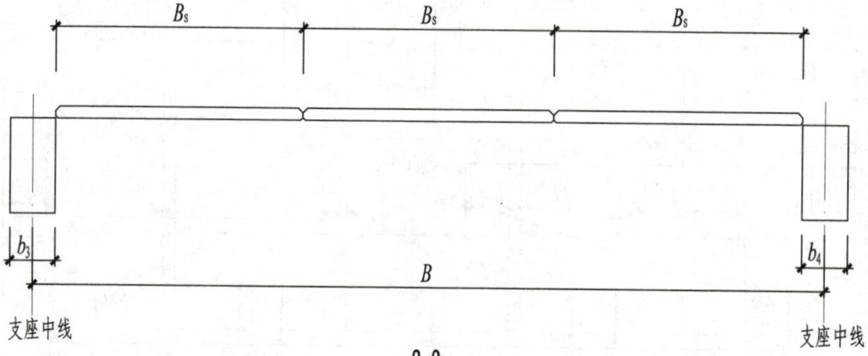

2-2

说明：

1. L、B为轴线尺寸，b_1、b_2、b_3、b_4为叠合板四边支座宽度。
2. L_s为底板实际长度，B_s为底板实际宽度。
3. 采用三拼板时，$L_s=L-(b_1+b_2)/2$

底板实际宽度$B_s=\frac{1}{3}[B-(b_3+b_4)/2]$。

底板（三拼）划分示意图									图集号	川2018G131-TY
审核	张天平	张天平	校对	赵干荣	赵干荣	设计	宋可加	宋可加	页	8

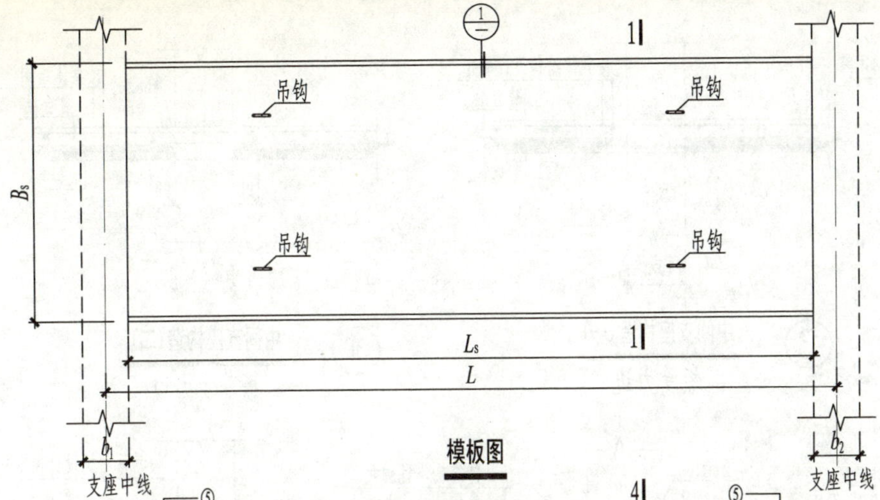

模板图

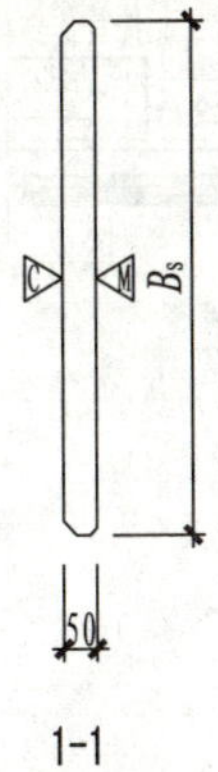

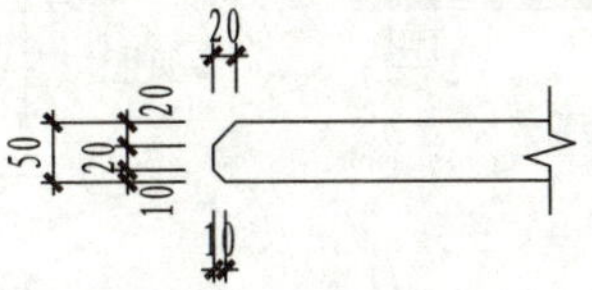

① 板侧大样

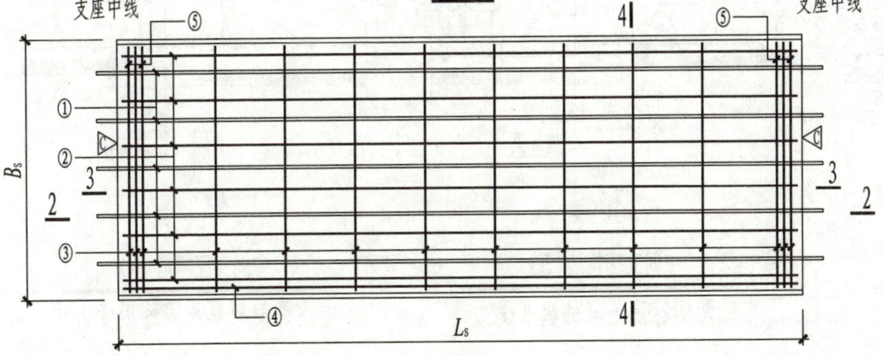

配筋图

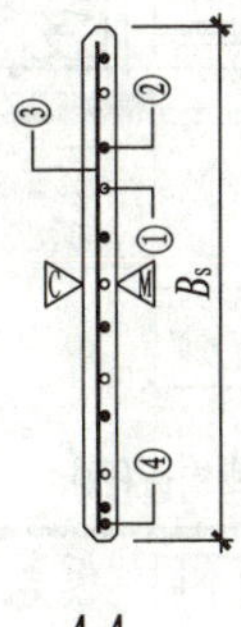

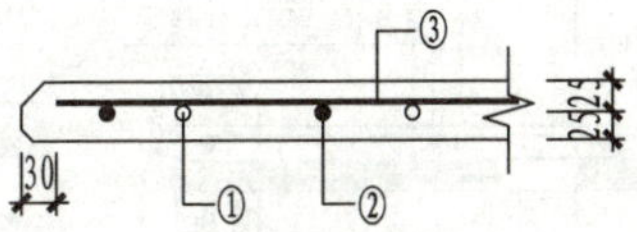

底板钢筋排布构造

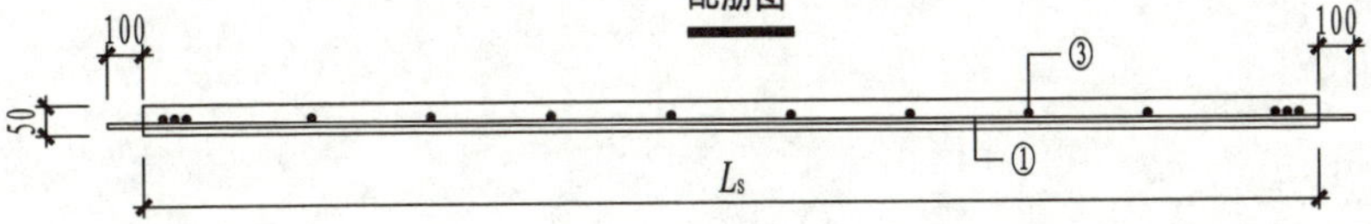

2-2

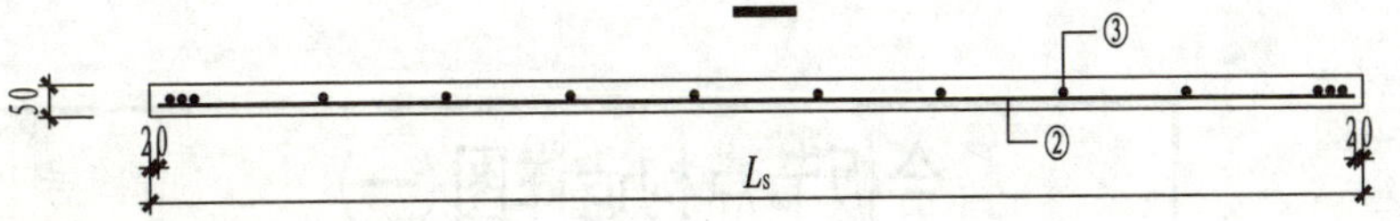

3-3

说明:

1. ①为底板预应力钢筋;
   ②④为底板普通受力钢筋;
   ③⑤为底板分布钢筋。
2. 吊点位置及大样见第12页。

底板模板及配筋示意图							图集号	川2018G131-TY
审核	张天平	张天平	校对	赵干荣	赵干荣	设计 宋可加 宋可加	页	9

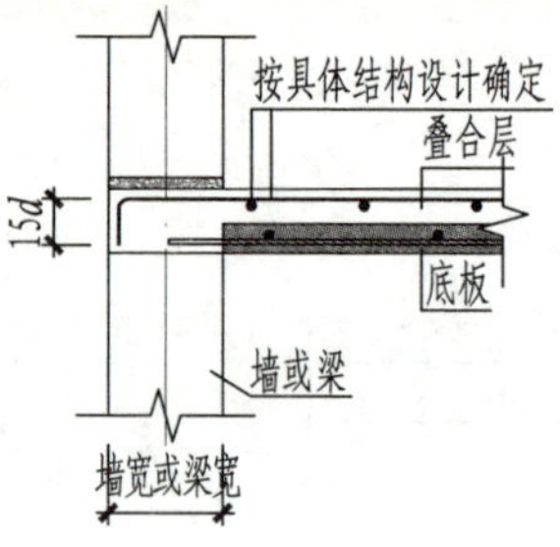

① 端支座构造

板受力边

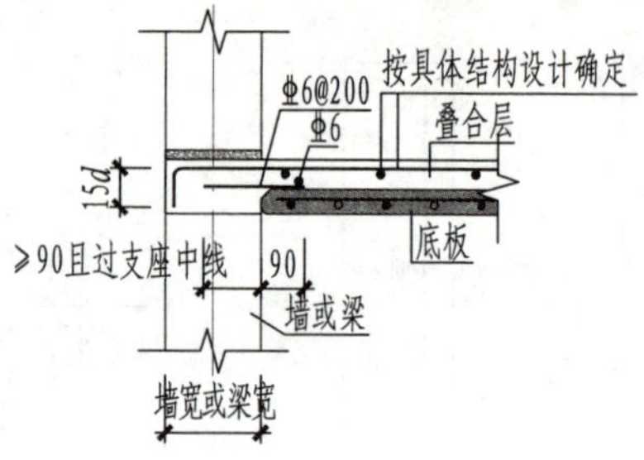

② 侧支座构造

板非受力边

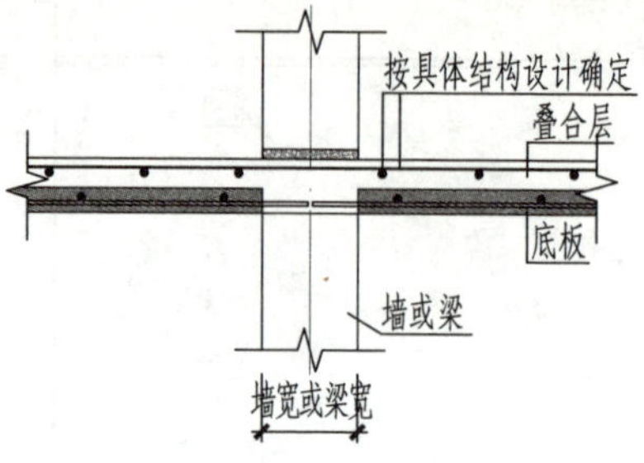

③ 中间支座构造(一)

板受力边

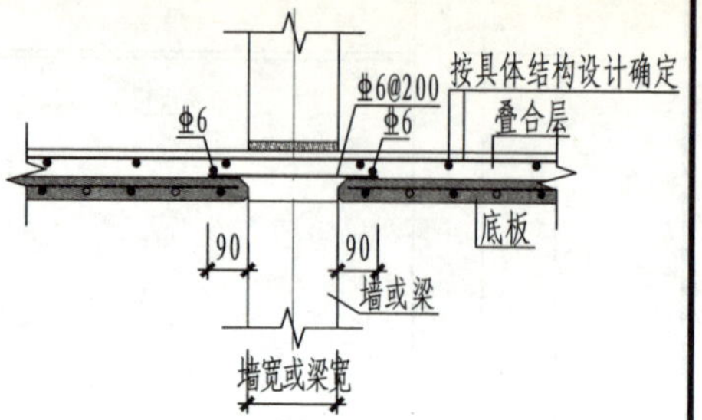

④ 中间支座构造(二)

板非受力边

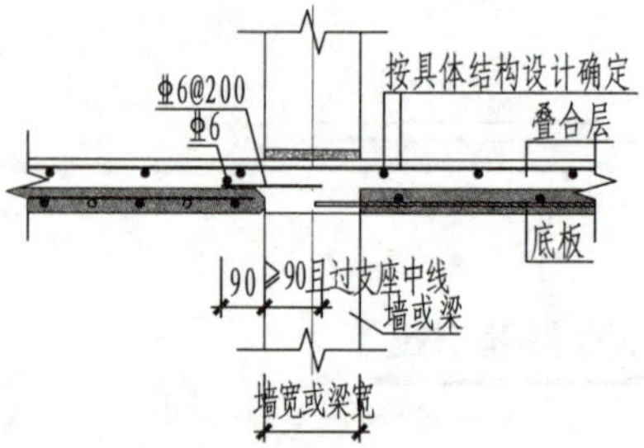

⑤ 中间支座构造(三)

一侧为板受力边一侧为板非受力边

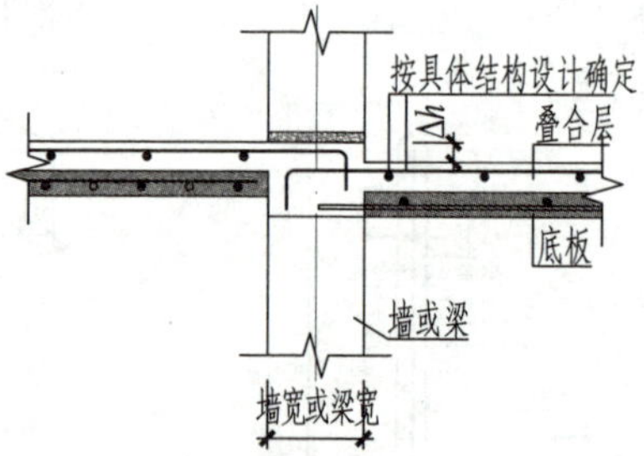

⑥ 中间支座构造(四)

支座两侧标高不同的板受力边

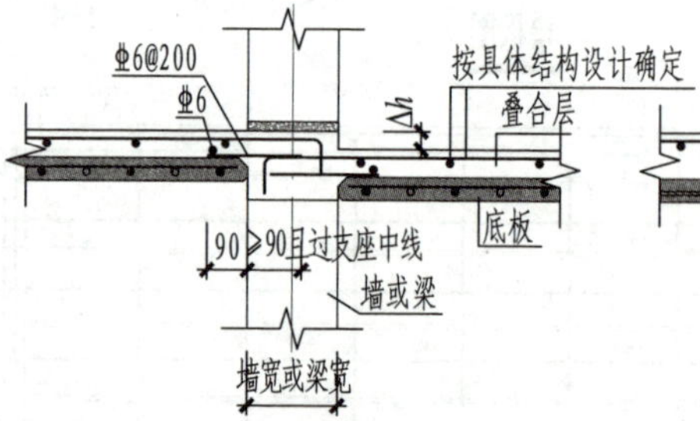

⑦ 中间支座构造(五)

支座两侧标高不同的板非受力边

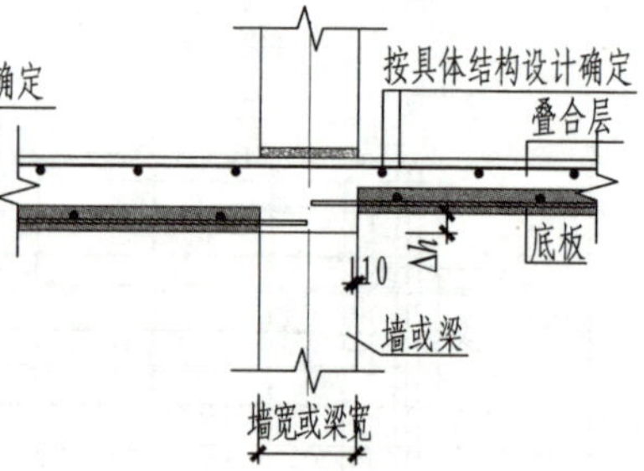

中间支座构造(六)

支座两侧板厚不同的板受力边

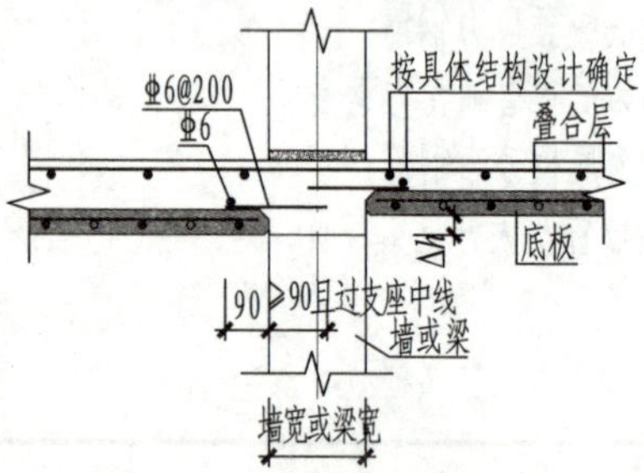

中间支座构造(七)

支座两侧板厚不同的板非受力边

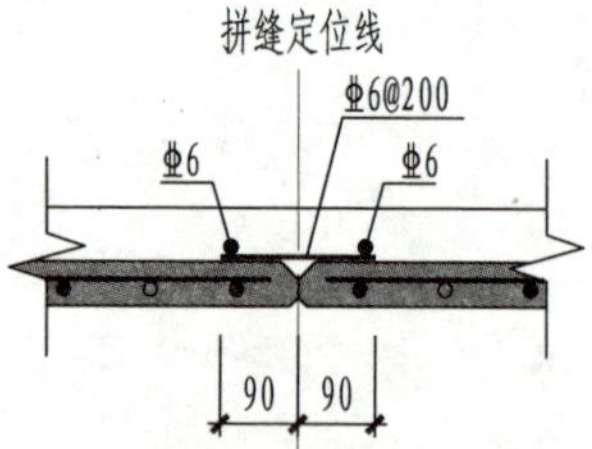

⑧ 拼缝构造

叠合板节点构造详图(一)							图集号	川2018G131-TY
审核	张天平	[signature]	校对	赵千荣	[signature]	设计	宋可加 [signature]	页	10

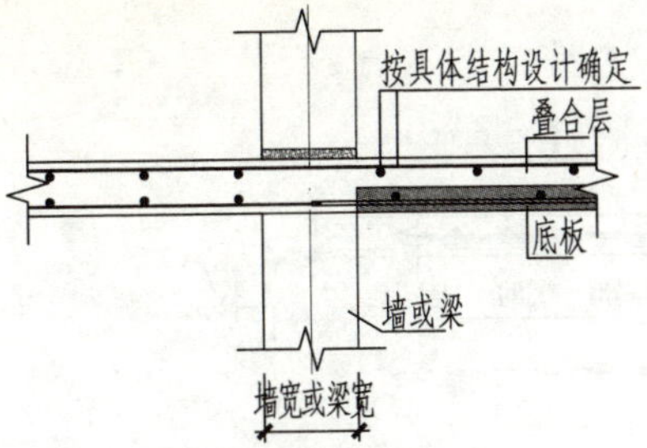

中间支座构造(八)

支座一侧为现浇板时的板受力边

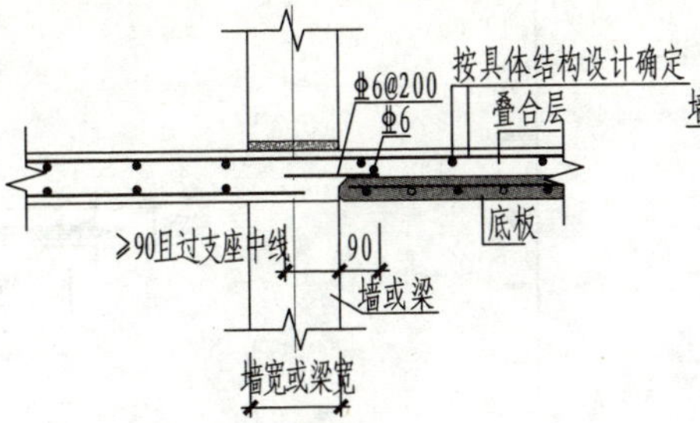

中间支座构造(九)

支座一侧为现浇板时的板非受力边

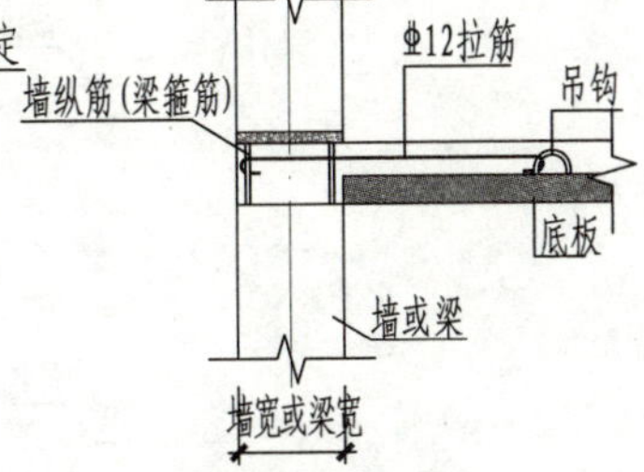

端支座吊钩拉筋(一)

板受力边

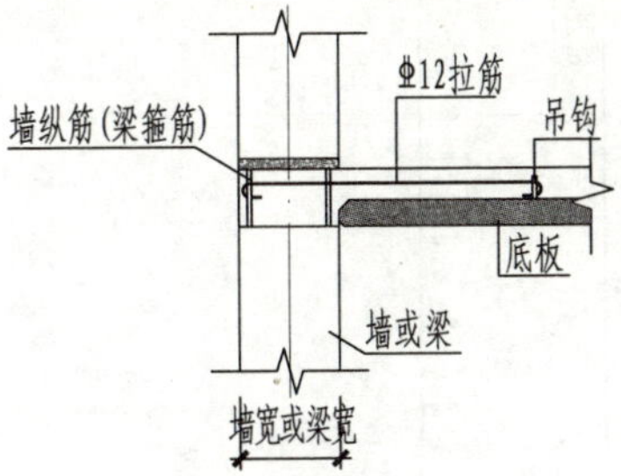

端支座吊钩拉筋(二)

板非受力边

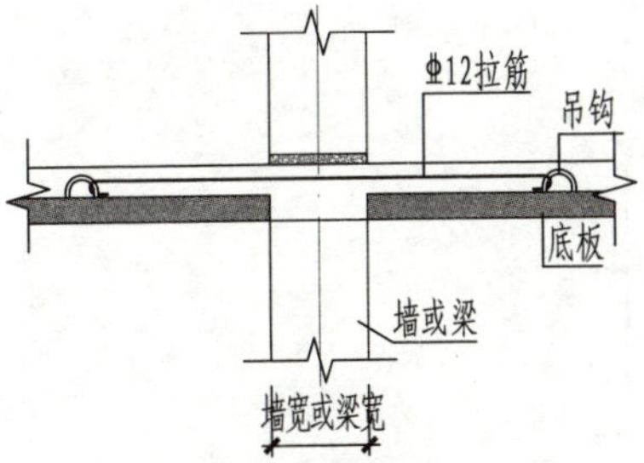

中间支座吊钩拉筋(一)

板受力边

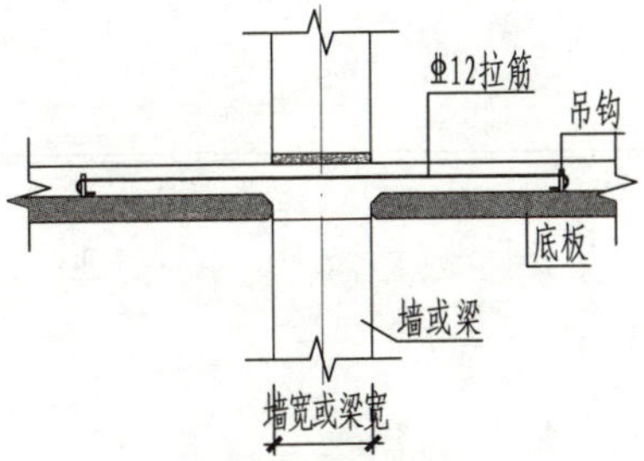

中间支座吊钩拉筋(二)

板非受力边

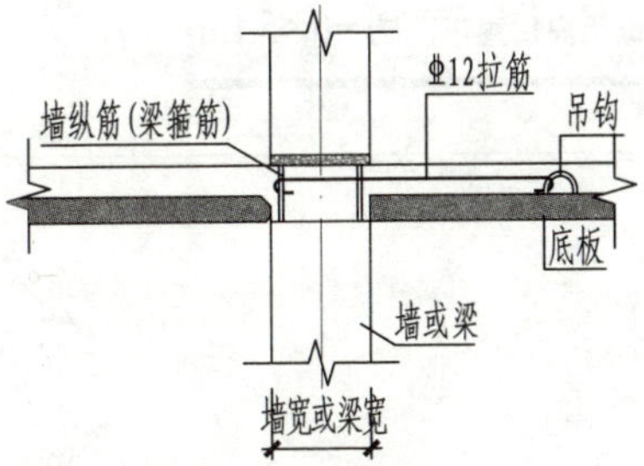

中间支座吊钩拉筋(三)

一侧为板受力边一侧为板非受力边

叠合板节点构造详图(二)							图集号	川2018G131-TY
审核	张天平	校对	赵千荣	设计	宋可加		页	11

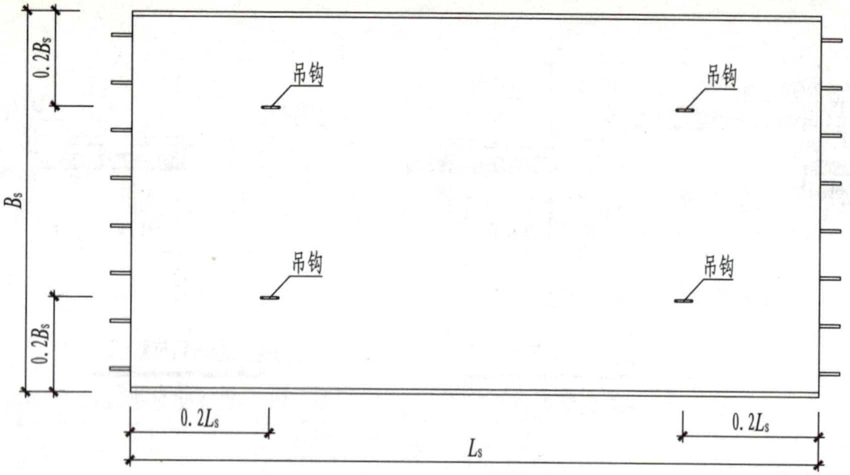

底板吊点位置示意图一(L<5.1m)

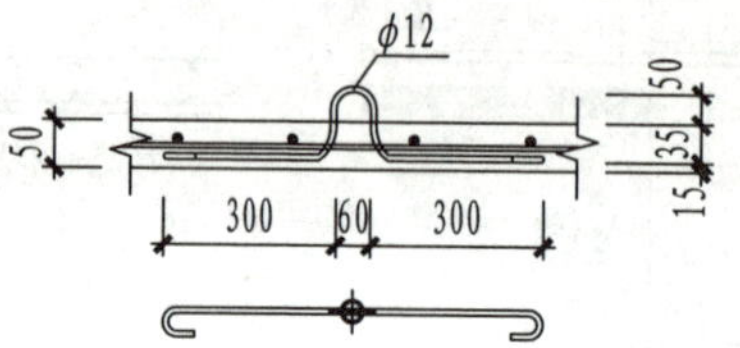

吊钩节点构造

吊钩锚固段应放于钢筋网之下

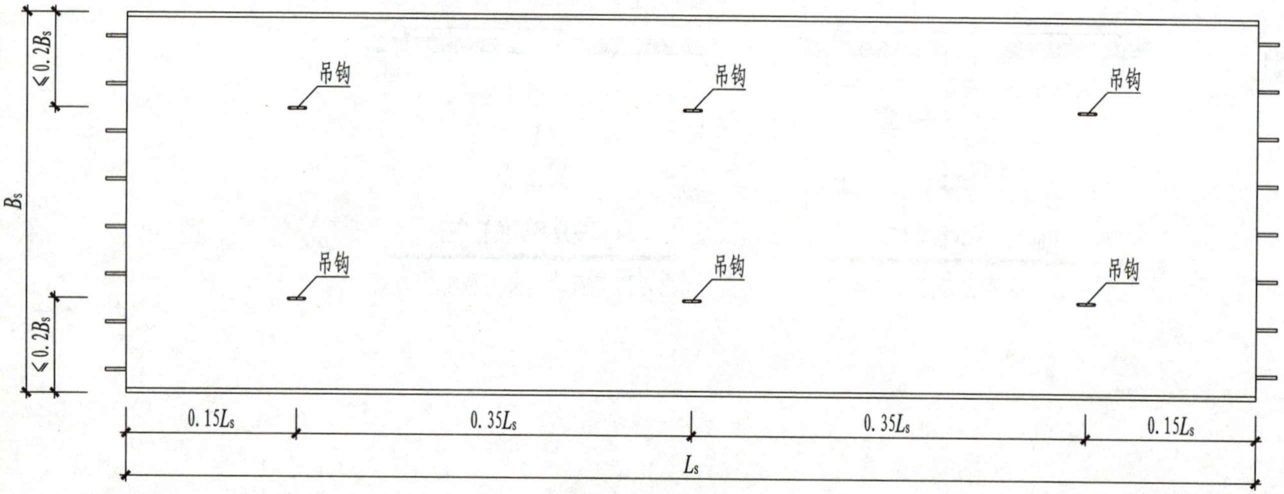

底板吊点位置示意图二(L≥5.1m)

底板吊点位置示意图						图集号	川2018G131-TY
审核	张天平	校对	赵千荣	设计	宋可加	页	12

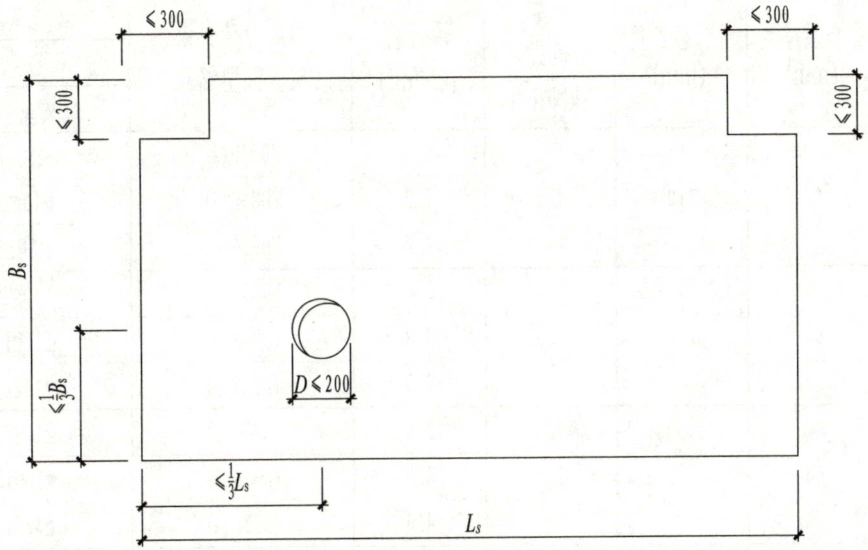

底板开洞及切角构造

说明:

1. 洞口及切角采用工厂预留方式。
2. 出现下列情况之一时应由设计单位进行复核处理:
   (1) 洞口、切角的尺寸或边距大于图示要求;
   (2) 洞口、切角对同一截面削弱大于20%。
3. 洞口开设不应切断预应力筋。

底板开洞及切角构造图							图集号	川2018G131-TY
审核	张天平	[signature]	校对	赵干荣	[signature]	设计 宋可加 [signature]	页	13

叠合板选用表(按均布荷载选用)

跨度 (mm)	底板厚度 (mm)	叠合层厚度 (mm)	设计板厚度 (mm)	附加恒载 (kN/m^2)	活荷载 (kN/m^2)	预应力叠合板底板板型编号	支座负弯矩钢筋(每米板宽)	
							边跨内支座	中间跨支座
3 000	50	60	110	1.5	2.0	YDB30(2)	Φ8@170	Φ8@200
					3.0	YDB30(3)	Φ10@200	Φ8@200
					4.0	YDB30(4)	Φ8@120	Φ8@170
3 300	50	60	110	1.5	2.0	YDB33(2)	Φ10@200	Φ8@200
					3.0	YDB33(3)	Φ10@170	Φ8@170
					4.0	YDB33(4)	Φ10@150	Φ8@150
3 600	50	60	110	1.5	2.0	YDB36(2)	Φ10@170	Φ8@170
					3.0	YDB36(3)	Φ10@150	Φ8@150
					4.0	YDB36(4)	Φ12@120	Φ10@200
3 900	50	70	120	1.5	2.0	YDB39(2)	Φ10@150	Φ8@150
					3.0	YDB39(3)	Φ12@200	Φ10@200
					4.0	YDB39(4)	Φ12@170	Φ10@170
4 200	50	70	120	1.5	2.0	YDB42(2)	Φ12@200	Φ10@200
					3.0	YDB42(3)	Φ12@170	Φ10@170
					4.0	YDB42(4)	Φ10@100	Φ10@150

叠合板选用表(按均布荷载选用)

跨度(mm)	底板厚度(mm)	叠合层厚度(mm)	设计板厚度(mm)	附加恒载(kN/m²)	活荷载(kN/m²)	预应力叠合板底板板型编号	支座负弯矩钢筋(每米板宽)	
							边跨内支座	中间跨支座
4 500	50	80	130	1.5	2.0	YDB45(2)	Φ10@120	Φ10@200
				1.5	3.0	YDB45(3)	Φ12@150	Φ10@170
				1.5	4.0	YDB45(4)	Φ14@170	Φ12@200
4 800	50	80	130	1.5	2.0	YDB48(2)	Φ12@150	Φ10@170
				1.5	3.0	YDB48(3)	Φ14@170	Φ12@200
				1.5	4.0	YDB48(4)	Φ14@150	Φ10@120
5 100	50	100	150	1.5	2.0	YDB51(2)	Φ12@150	Φ10@170
				1.5	3.0	YDB51(3)	Φ14@170	Φ12@200
				1.5	4.0	YDB51(4)	Φ14@150	Φ12@170
5 400	50	110	160	1.5	2.0	YDB54(2)	Φ14@200	Φ10@150
				1.5	3.0	YDB54(3)	Φ14@170	Φ12@200
				1.5	4.0	YDB54(4)	Φ14@150	Φ12@170
5 700	50	110	160	1.5	2.0	YDB57(2)	Φ14@170	Φ12@200
				1.5	3.0	YDB57(3)	Φ14@150	Φ12@170
				1.5	4.0	YDB57(4)	Φ12@100	Φ12@150

底板配筋量表(按均布荷载选用)

跨度 (mm)	底板厚度 (mm)	叠合层厚度 (mm)	设计板厚度 (mm)	附加恒载 (kN/m^2)	活荷载 (kN/m^2)	预应力叠合板底板板型编号	底板平均预压应力 (MPa)	底板普通钢筋计算配筋量 (mm^2/m)
3 000	50	60	110	1.5	2.0	YDB30(2)	≥1.0	220
					3.0	YDB30(3)		226
					4.0	YDB30(4)		260
3 300	50	60	110	1.5	2.0	YDB33(2)	≥1.0	232
					3.0	YDB33(3)		274
					4.0	YDB33(4)		315
3 600	50	60	110	1.5	2.0	YDB36(2)	≥1.0	276
					3.0	YDB36(3)		326
					4.0	YDB36(4)		374
3 900	50	70	120	1.5	2.0	YDB39(2)	≥1.4	325
					3.0	YDB39(3)		382
					4.0	YDB39(4)		440
4 200	50	70	120	1.5	2.0	YDB42(2)	≥1.4	331
					3.0	YDB42(3)		386
					4.0	YDB42(4)		440

注：预应力混凝土叠合板底板计算配筋量按HRB400级钢筋换算。

底板配筋量表(按均布荷载选用)

跨度(mm)	底板厚度(mm)	叠合层厚度(mm)	设计板厚度(mm)	附加恒载(kN/m^2)	活荷载(kN/m^2)	预应力叠合板底板板型编号	底板平均预压应力(MPa)	底板普通钢筋计算配筋量(mm^2/m)
4 500	50	80	130	1.5	2.0	YDB45(2)	≥1.4	380
4 500	50	80	130	1.5	3.0	YDB45(3)	≥1.4	443
4 500	50	80	130	1.5	4.0	YDB45(4)	≥1.4	506
4 800	50	80	130	1.5	2.0	YDB48(2)	≥1.8	433
4 800	50	80	130	1.5	3.0	YDB48(3)	≥1.8	504
4 800	50	80	130	1.5	4.0	YDB48(4)	≥1.8	575
5 100	50	100	150	1.5	2.0	YDB51(2)	≥1.8	443
5 100	50	100	150	1.5	3.0	YDB51(3)	≥1.8	511
5 100	50	100	150	1.5	4.0	YDB51(4)	≥1.8	579
5 400	50	110	160	1.5	2.0	YDB54(2)	≥1.8	496
5 400	50	110	160	1.5	3.0	YDB54(3)	≥1.8	572
5 400	50	110	160	1.5	4.0	YDB54(4)	≥1.8	649
5 700	50	110	160	1.5	2.0	YDB57(2)	≥1.8	553
5 700	50	110	160	1.5	3.0	YDB57(3)	≥1.8	638
5 700	50	110	160	1.5	4.0	YDB57(4)	≥1.8	723

注：预应力混凝土叠合板底板计算配筋量按HRB400级钢筋换算。

单块楼板常用尺寸选用表

L \ B	3.3 m	3.6 m	3.9 m	4.2 m	4.5 m	4.8 m	5.1 m	5.4 m	5.7 m	6.0 m	6.3 m	6.6 m	6.9 m	7.2 m	7.5 m
3.0 m	√														
3.3 m	√	√	√	√	√										
3.6 m	√	√	√	√	√	√									
3.9 m	√	√	√	√	√	√	√	√							
4.2 m	√	√	√	√	√	√	√	√	√	√	√				
4.5 m		√	√	√	√	√	√	√	√	√	√	√			
4.8 m									√	√	√	√	√		
5.1 m											√	√	√	√	√
5.4 m														√	√
5.7 m															√
备 注:	表中L为跨度，B为垂直跨度方向尺寸；“ √ ”所对应楼板尺寸可按本图集直接选用。														

单块楼板常用尺寸选用表								图集号	川2018G131-TY
审核	张天平	张天平	校对	赵干荣	赵干荣	设计	宋可加	页	18

底板选用表

叠合板选用编号	垂直跨度方向尺寸(m)	底板编号	底板尺寸(m×m)	预应力钢筋①	普通受力钢筋②+④	分布钢筋③+⑤	每平方米用钢量(kg)
YDB30(2)	3.3	YDB30(2)-33	2.80×1.03	$3\phi^{H}5$	4Φ8	14Φ6	3.04
YDB30(3)	3.3	YDB30(3)-33	2.80×1.03	$3\phi^{H}5$	4Φ8	14Φ6	3.04
YDB30(4)	3.3	YDB30(4)-33	2.80×1.03	$3\phi^{H}5$	4Φ8	14Φ6	3.04
YDB33(2)	3.3	YDB33(2)-33	3.10×1.03	$3\phi^{H}5$	4Φ8	15Φ6	3.00
	3.6	YDB33(2)-36	3.10×1.13	$3\phi^{H}5$	5Φ8		3.18
	3.9	YDB33(2)-39	3.10×1.23	$4\phi^{H}5$			3.14
	4.2	YDB33(2)-42	3.10×1.33	$4\phi^{H}5$			2.99
	4.5	YDB33(2)-45	3.10×1.43	$4\phi^{H}5$	6Φ8		3.12
YDB33(3)	3.3	YDB33(2)-33	3.10×1.03	$3\phi^{H}5$	4Φ8	15Φ6	3.00
	3.6	YDB33(3)-36	3.10×1.13	$3\phi^{H}5$	5Φ8		3.18
	3.9	YDB33(3)-39	3.10×1.23	$4\phi^{H}5$			3.14
	4.2	YDB33(3)-42	3.10×1.33	$4\phi^{H}5$			2.99
	4.5	YDB33(3)-45	3.10×1.43	$4\phi^{H}5$	6Φ8		3.12
YDB33(4)	3.3	YDB33(4)-33	3.10×1.03	$3\phi^{H}5$	4Φ8	15Φ6	3.00
	3.6	YDB33(4)-36	3.10×1.13	$3\phi^{H}5$	5Φ8		3.18
	3.9	YDB33(4)-39	3.10×1.23	$4\phi^{H}5$			3.14
	4.2	YDB33(4)-42	3.10×1.33	$4\phi^{H}5$			2.99
	4.5	YDB33(4)-45	3.10×1.43	$4\phi^{H}5$	6Φ8		3.12
YDB36(2)	3.3	YDB36(2)-33	3.40×1.03	$3\phi^{H}5$	4Φ8	15Φ6	2.98
	3.6	YDB36(2)-36	3.40×1.13	$3\phi^{H}5$	5Φ8		3.15
	3.9	YDB36(2)-39	3.40×1.23	$4\phi^{H}5$			3.11
	4.2	YDB36(2)-42	3.40×1.33	$4\phi^{H}5$			2.96
	4.5	YDB36(2)-45	3.40×1.43	$4\phi^{H}5$	4Φ8		3.10
	4.8	YDB36(2)-48	3.40×1.53	$5\phi^{H}5$			3.07
YDB36(3)	3.3	YDB36(3)-33	3.40×1.03	$3\phi^{H}5$	4Φ8	15Φ6	2.98
	3.6	YDB36(3)-36	3.40×1.13	$3\phi^{H}5$	5Φ8		3.15
	3.9	YDB36(3)-39	3.40×1.23	$4\phi^{H}5$			3.11
	4.2	YDB36(3)-42	3.40×1.33	$4\phi^{H}5$			2.96
	4.5	YDB36(3)-45	3.40×1.43	$4\phi^{H}5$	6Φ8		3.10

底板选用表

叠合板选用编号	垂直跨度方向尺寸(m)	底板编号	底板尺寸(m×m)	预应力钢筋①	普通受力钢筋②+④	分布钢筋③+⑤	每平方米用钢量(kg)
YDB36(3)	4.8	YDB36(3)-48	3.40×1.53	$5\Phi^{H}5$	6Φ8	16Φ6	3.07
YDB36(4)	3.3	YDB36(4)-33	3.40×1.03	$3\Phi^{H}5$	4Φ8	16Φ6	2.98
	3.6	YDB36(4)-36	3.40×1.13	$3\Phi^{H}5$	5Φ8		3.15
	3.9	YDB36(4)-39	3.40×1.23	$4\Phi^{H}5$			3.11
	4.2	YDB36(4)-42	3.40×1.33	$4\Phi^{H}5$			2.96
	4.5	YDB36(4)-45	3.40×1.43	$4\Phi^{H}5$	6Φ8		3.10
	4.8	YDB36(4)-48	3.40×1.53	$5\Phi^{H}5$			3.07
YDB39(2)	3.3	YDB39(2)-33	3.70×1.03	$4\Phi^{H}5$	4Φ8	17Φ6	3.08
	3.6	YDB39(2)-36	3.70×1.13	$5\Phi^{H}5$	5Φ8		3.39
	3.9	YDB39(2)-39	3.70×1.23	$5\Phi^{H}5$			3.20
	4.2	YDB39(2)-42	3.70×1.33	$5\Phi^{H}5$			3.03
	4.5	YDB39(2)-45	3.70×1.43	$6\Phi^{H}5$	6Φ8		3.28
	4.8	YDB39(2)-48	3.70×1.53	$6\Phi^{H}5$			3.13
	5.1	YDB39(2)-51	3.70×1.63	$7\Phi^{H}5$			3.10
	5.4	YDB39(2)-54	3.70×1.73	$7\Phi^{H}5$	7Φ8		3.21
YDB39(3)	3.3	YDB39(3)-33	3.70×1.03	$4\Phi^{H}5$	4Φ8	17Φ6	3.11
	3.6	YDB39(3)-36	3.70×1.13	$5\Phi^{H}5$	5Φ8		3.41
	3.9	YDB39(3)-39	3.70×1.23	$5\Phi^{H}5$			3.22
	4.2	YDB39(3)-42	3.70×1.33	$5\Phi^{H}5$			3.05
	4.5	YDB39(3)-45	3.70×1.43	$6\Phi^{H}5$	6Φ8		3.30
	4.8	YDB39(3)-48	3.70×1.53	$6\Phi^{H}5$			3.15
	5.1	YDB39(3)-51	3.70×1.63	$7\Phi^{H}5$			3.12
	5.4	YDB39(3)-54	3.70×1.73	$7\Phi^{H}5$	7Φ8		3.22
YDB39(4)	3.3	YDB39(4)-33	3.70×1.03	$4\Phi^{H}5$	4Φ8	17Φ6	3.11
	3.6	YDB39(4)-36	3.70×1.13	$5\Phi^{H}5$	5Φ8		3.41
	3.9	YDB39(4)-39	3.70×1.23	$5\Phi^{H}5$			3.22
	4.2	YDB39(4)-42	3.70×1.33	$5\Phi^{H}5$			3.05
	4.5	YDB39(4)-45	3.70×1.43	$6\Phi^{H}5$	6Φ8		3.30
	4.8	YDB39(4)-48	3.70×1.53	$6\Phi^{H}5$			3.15

底板选用表

叠合板选用编号	垂直跨度方向尺寸(m)	底板编号	底板尺寸(m×m)	预应力钢筋①	普通受力钢筋②+④	分布钢筋③+⑤	每平方米用钢量(kg)
YDB39(4)	5.1	YDB39(4)-51	3.70×1.63	$7\phi^{H}5$	5Φ8	17Φ6	3.10
	5.4	YDB39(4)-54	3.70×1.73	$7\phi^{H}5$	7Φ8		3.21
YDB42(2)	3.3	YDB42(2)-33	4.00×1.03	$4\phi^{H}5$	4Φ8	18Φ6	3.09
	3.6	YDB42(2)-36	4.00×1.13	$5\phi^{H}5$	5Φ8		3.39
	3.9	YDB42(2)-39	4.00×1.23	$5\phi^{H}5$			3.20
	4.2	YDB42(2)-42	4.00×1.33	$5\phi^{H}5$			3.03
	4.5	YDB42(2)-45	4.00×1.43	$6\phi^{H}5$	6Φ8		3.28
	4.8	YDB42(2)-48	4.00×1.53	$6\phi^{H}5$			3.13
	5.1	YDB42(2)-51	3.70×1.63	$7\phi^{H}5$			3.10
	5.4	YDB42(2)-54	3.70×1.73	$7\phi^{H}5$	7Φ8		3.20
	5.7	YDB42(2)-57	3.70×1.83	$7\phi^{H}5$			3.08
	6.0	YDB42(2)-60	3.70×1.93	$8\phi^{H}5$			3.06
	6.3	YDB42(2)-63	3.70×2.03	$8\phi^{H}5$	8Φ8		3.15
	6.6	YDB42(2)-66	3.70×2.13	$9\phi^{H}5$			3.12
YDB42(3)	3.3	YDB42(3)-33	4.00×1.03	$4\phi^{H}5$	4Φ8	18Φ6	3.09
	3.6	YDB42(3)-36	4.00×1.13	$5\phi^{H}5$	5Φ8		3.39
	3.9	YDB42(3)-39	4.00×1.23	$5\phi^{H}5$			3.20
	4.2	YDB42(3)-42	4.00×1.33	$5\phi^{H}5$			3.03
	4.5	YDB42(3)-45	4.00×1.43	$6\phi^{H}5$	6Φ8		3.28
	4.8	YDB42(3)-48	4.00×1.53	$6\phi^{H}5$			3.13
	5.1	YDB42(3)-51	4.00×1.63	$7\phi^{H}5$			3.10
	5.4	YDB42(3)-54	4.00×1.73	$7\phi^{H}5$	7Φ8		3.20
	5.7	YDB42(3)-57	4.00×1.83	$7\phi^{H}5$			3.08
	6.0	YDB42(3)-60	4.00×1.93	$8\phi^{H}5$			3.06
	6.3	YDB42(3)-63	4.00×2.03	$8\phi^{H}5$	8Φ8		3.15
	6.6	YDB42(3)-66	4.00×2.13	$9\phi^{H}5$			3.12
YDB42(4)	3.3	YDB42(4)-33	4.00×1.03	$4\phi^{H}5$	4Φ8	18Φ6	3.09
	3.6	YDB42(4)-36	4.00×1.13	$5\phi^{H}5$	5Φ8		3.39
	3.9	YDB42(4)-39	4.00×1.23	$5\phi^{H}5$			3.20

底板选用表

叠合板选用编号	垂直跨度方向尺寸(m)	底板编号	底板尺寸(m×m)	预应力钢筋①	普通受力钢筋②+④	分布钢筋③+⑤	每平方米用钢量(kg)
YDB42(4)	4.2	YDB42(4)-42	4.00×1.33	$5\phi^{H}5$	5Φ8	18Φ6	3.03
	4.5	YDB42(4)-45	4.00×1.43	$6\phi^{H}5$	6Φ8		3.28
	4.8	YDB42(4)-48	4.00×1.53	$6\phi^{H}5$			3.13
	5.1	YDB42(4)-51	4.00×1.63	$7\phi^{H}5$			3.10
	5.4	YDB42(4)-54	4.00×1.73	$7\phi^{H}5$	7Φ8		3.20
	5.7	YDB42(4)-57	4.00×1.83	$7\phi^{H}5$			3.08
	6.0	YDB42(4)-60	4.00×1.93	$8\phi^{H}5$			3.06
	6.3	YDB42(4)-63	4.00×2.03	$8\phi^{H}5$	8Φ8		3.15
	6.6	YDB42(4)-66	4.00×2.13	$9\phi^{H}5$			3.12
YDB45(2)	3.3	YDB45(2)-33	4.30×1.03	$4\phi^{H}5$	4Φ8	19Φ6	3.07
	3.6	YDB45(2)-36	4.30×1.13	$5\phi^{H}5$	5Φ8		3.37
	3.9	YDB45(2)-39	4.30×1.23	$5\phi^{H}5$			3.18
	4.2	YDB45(2)-42	4.30×1.33	$5\phi^{H}5$			3.01
	4.5	YDB45(2)-45	4.30×1.43	$6\phi^{H}5$	6Φ8		3.26
	4.8	YDB45(2)-48	4.30×1.53	$6\phi^{H}5$			3.11
	5.1	YDB45(2)-51	4.30×1.63	$7\phi^{H}5$			3.08
	5.4	YDB45(2)-54	4.30×1.73	$7\phi^{H}5$	7Φ8		3.18
	5.7	YDB45(2)-57	4.30×1.83	$7\phi^{H}5$			3.06
	6.0	YDB45(2)-60	4.30×1.93	$8\phi^{H}5$			3.04
	6.3	YDB45(2)-63	4.30×2.03	$8\phi^{H}5$	8Φ8		3.13
	6.6	YDB45(2)-66	4.30×2.13	$9\phi^{H}5$			3.10
YDB45(3)	3.3	YDB45(3)-33	4.30×1.03	$4\phi^{H}5$	4Φ8	19Φ6	3.07
	3.6	YDB45(3)-36	4.30×1.13	$5\phi^{H}5$	5Φ8		3.37
	3.9	YDB45(3)-39	4.30×1.23	$5\phi^{H}5$			3.18
	4.2	YDB45(3)-42	4.30×1.33	$5\phi^{H}5$			3.01
	4.5	YDB45(3)-45	4.30×1.43	$6\phi^{H}5$	6Φ8		3.26
	4.8	YDB45(3)-48	4.30×1.53	$6\phi^{H}5$			3.11
	5.1	YDB45(3)-51	4.30×1.63	$7\phi^{H}5$			3.08
	5.4	YDB45(3)-51	4.30×1.73	$7\phi^{H}5$	7Φ8		3.18

底板选用表

叠合板选用编号	垂直跨度方向尺寸(m)	底板编号	底板尺寸(m×m)	预应力钢筋①	普通受力钢筋②+④	分布钢筋③+⑤	每平方米用钢量(kg)
YDB45(3)	5.7	YDB45(3)-57	4.30×1.83	$7\phi^{H}5$	7Φ8	19Φ6	3.06
	6.0	YDB45(3)-60	4.30×1.93	$8\phi^{H}5$	7Φ8		3.04
	6.3	YDB45(3)-63	4.30×2.03	$8\phi^{H}5$	8Φ8		3.13
	6.6	YDB45(3)-66	4.30×2.13	$9\phi^{H}5$	8Φ8		3.10
YDB45(4)	3.3	YDB45(4)-33	4.30×1.03	$4\phi^{H}5$	4Φ8	19Φ6	3.07
	3.6	YDB45(4)-36	4.30×1.13	$5\phi^{H}5$	5Φ8		3.37
	3.9	YDB45(4)-39	4.30×1.23	$5\phi^{H}5$	6Φ8		3.50
	4.2	YDB45(4)-42	4.30×1.33	$5\phi^{H}5$			3.31
	4.5	YDB45(4)-45	4.30×1.43	$6\phi^{H}5$	7Φ8		3.53
	4.8	YDB45(4)-48	4.30×1.53	$6\phi^{H}5$			3.37
	5.1	YDB45(4)-51	4.30×1.63	$7\phi^{H}5$			3.32
	5.4	YDB45(4)-54	4.30×1.73	$7\phi^{H}5$	8Φ8		3.41
	5.7	YDB45(4)-57	4.30×1.83	$7\phi^{H}5$	9Φ8		3.49
	6.0	YDB45(4)-60	4.30×1.93	$8\phi^{H}5$			3.44
	6.3	YDB45(4)-63	4.30×2.03	$8\phi^{H}5$			3.32
	6.6	YDB45(4)-66	4.30×2.13	$9\phi^{H}5$			3.29
YDB48(2)	5.7	YDB48(2)-57	4.60×1.83	$9\phi^{H}5$	7Φ8	20Φ6	3.22
	6.0	YDB48(2)-60	4.60×1.93	$10\phi^{H}5$			3.19
	6.3	YDB48(2)-63	4.60×2.03	$10\phi^{H}5$	8Φ8		3.27
	6.6	YDB48(2)-66	4.60×2.13	$11\phi^{H}5$			3.24
	6.9	YDB48(2)-69	4.60×2.23	$11\phi^{H}5$	9Φ8		3.31
YDB48(3)	5.7	YDB48(3)-57	4.60×1.83	$9\phi^{H}5$	7Φ8	20Φ6	3.22
	6.0	YDB48(3)-60	4.60×1.93	$10\phi^{H}5$			3.19
	6.3	YDB48(3)-63	4.60×2.03	$10\phi^{H}5$	8Φ8		3.27
	6.6	YDB48(3)-66	4.60×2.13	$11\phi^{H}5$			3.24
	6.9	YDB48(3)-69	4.60×2.23	$11\phi^{H}5$	9Φ8		3.31
YDB48(4)	5.7	YDB48(4)-57	4.60×1.83	$9\phi^{H}5$	8Φ8	20Φ6	3.44
	6.0	YDB48(4)-60	4.60×1.93	$10\phi^{H}5$	9Φ8		3.59
	6.3	YDB48(4)-63	4.60×2.03	$10\phi^{H}5$			3.47

底板选用表

叠合板选用编号	垂直跨度方向尺寸(m)	底板编号	底板尺寸(m×m)	预应力钢筋①	普通受力钢筋②+④	分布钢筋③+⑤	每平方米用钢量(kg)
YDB48(4)	6.6	YDB48(4)-66	4.60×2.13	$11\Phi^{H}5$	9Φ8	20Φ6	3.42
	6.9	YDB48(4)-69	4.60×2.23	$11\Phi^{H}5$	10Φ8		3.49
YDB51(2)	6.3	YDB51(2)-63	4.90×2.03	$10\Phi^{H}5$	9Φ8	21Φ6	3.45
	6.6	YDB51(2)-66	4.90×2.13	$11\Phi^{H}5$	9Φ8		3.41
	6.9	YDB51(2)-69	4.90×2.23	$11\Phi^{H}5$	10Φ8		3.47
	7.2	YDB51(2)-72	4.90×2.33	$12\Phi^{H}5$	10Φ8		3.43
	7.5	YDB51(2)-75	4.90×2.43	$12\Phi^{H}5$	11Φ8		3.49
YDB51(3)	6.3	YDB51(3)-63	4.90×2.03	$10\Phi^{H}5$	9Φ8	21Φ6	3.45
	6.6	YDB51(3)-66	4.90×2.13	$11\Phi^{H}5$	9Φ8		3.41
	6.9	YDB51(3)-69	4.90×2.23	$11\Phi^{H}5$	10Φ8		3.47
	7.2	YDB51(3)-72	4.90×2.33	$12\Phi^{H}5$	10Φ8		3.43
	7.5	YDB51(3)-75	4.90×2.43	$12\Phi^{H}5$	11Φ8		3.49
YDB51(4)	6.3	YDB51(4)-63	4.90×2.03	$10\Phi^{H}5$	9Φ10	21Φ6	4.43
	6.6	YDB51(4)-66	4.90×2.13	$11\Phi^{H}5$	9Φ10		4.34
	6.9	YDB51(4)-69	4.90×2.23	$11\Phi^{H}5$	10Φ10		4.46
	7.2	YDB51(4)-72	4.90×2.33	$12\Phi^{H}5$	10Φ10		4.38
	7.5	YDB51(4)-75	4.90×2.43	$12\Phi^{H}5$	11Φ10		4.49
YDB54(2)	7.2	YDB54(2)-72	5.20×2.33	$12\Phi^{H}5$	10Φ8	22Φ6	3.42
	7.5	YDB54(2)-75	5.20×2.43	$12\Phi^{H}5$	11Φ8		3.48
YDB54(3)	7.2	YDB54(3)-72	5.20×2.33	$12\Phi^{H}5$	10Φ8	22Φ6	3.42
	7.5	YDB54(3)-75	5.20×2.43	$12\Phi^{H}5$	11Φ8		3.48
YDB54(4)	7.2	YDB54(4)-72	5.20×2.33	$12\Phi^{H}5$	10Φ10	22Φ6	4.37
	7.5	YDB54(4)-75	5.20×2.43	$12\Phi^{H}5$	11Φ10		4.48
YDB57(2)	7.5	YDB57(2)-75	5.20×2.43	$12\Phi^{H}5$	10Φ8	23Φ6	3.49
YDB57(3)	7.5	YDB57(3)-75	5.20×2.43	$12\Phi^{H}5$	11Φ10	23Φ6	4.47
YDB57(4)	7.5	YDB57(4)-75	5.20×2.43	$15\Phi^{H}5$	11Φ10	23Φ6	4.66

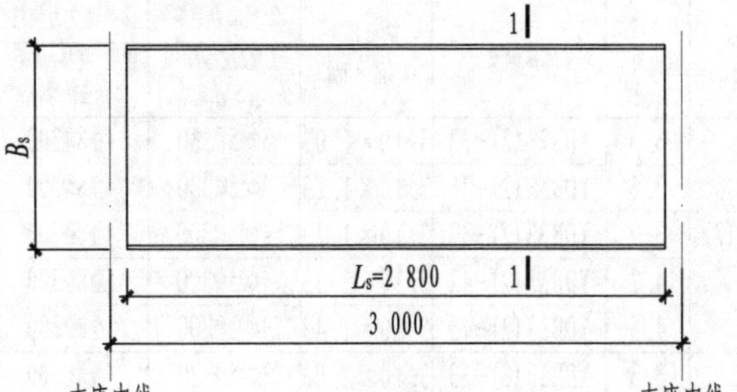

模板图

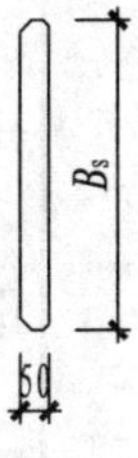

1-1

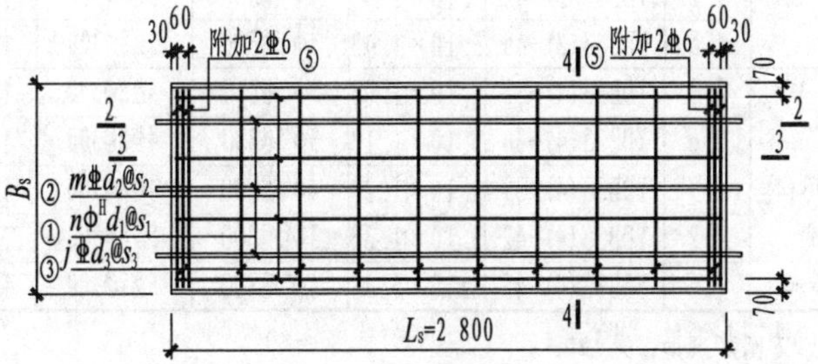

配筋图

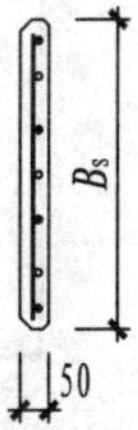

4-4

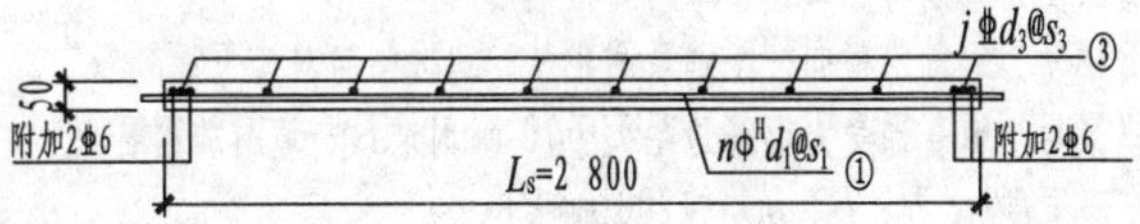

2-2

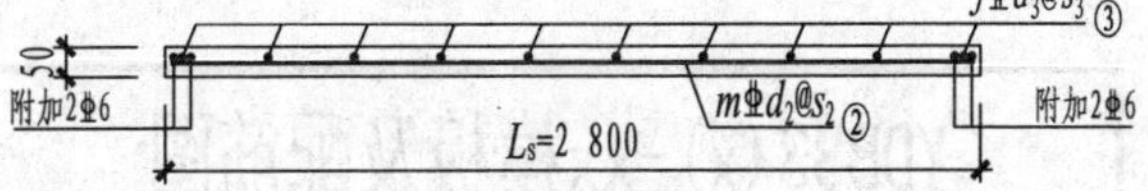

3-3

YDB30(x)-xx配筋表

叠合板选用编号	垂直跨度方向尺寸(m)	底板编号	底板尺寸(m×m)	①预应力钢筋 根数/规格/间距 $n\Phi^H d_1@s_1$	②普通受力钢筋 根数/规格/间距 $m\Phi d_2@s_2$	③分布钢筋 根数/规格/间距 $j\Phi d_3@s_3$	④附加钢筋
YDB30(2)	3.3	YDB30(2)-33	2.80×1.03	3Φ^H5@330	4Φ8@300	10Φ6@300	—
YDB30(3)	3.3	YDB30(3)-33	2.80×1.03	3Φ^H5@330	4Φ8@300	10Φ6@300	
YDB30(4)	3.3	YDB30(4)-33	2.80×1.03	3Φ^H5@330	4Φ8@300	10Φ6@300	

注：⑤为附加钢筋，共4Φ6。

说明：

1. 底板配筋详配筋表。
2. 普通受力钢筋与分布钢筋采用焊接钢筋网。
3. 普通受力钢筋沿横向按配筋表间距从一边板侧向对边布置，当最后一道普通受力钢筋边距大于70 mm时增设一道附加钢筋。
4. 支座宽度b_1、b_2、b_3、b_4均按200 mm考虑。
5. 本页应配合本图集第9页使用。

YDB30(x)-xx模板及配筋图

图集号	川2018G131-TY
审核 张天平　校对 赵千荣　设计 宋可加	页 25

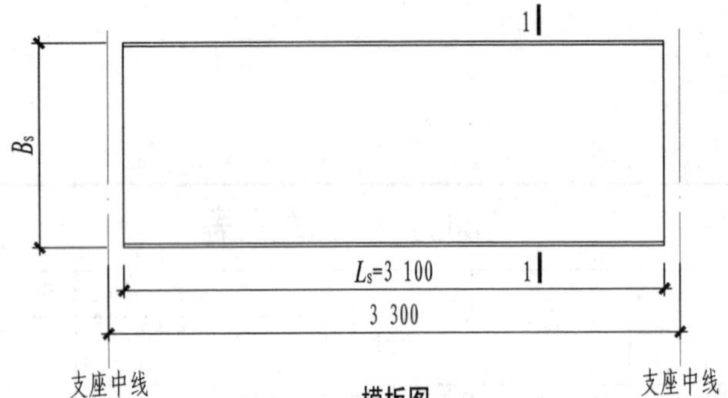

模板图

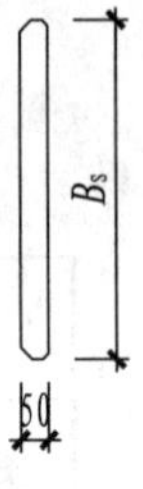

1-1

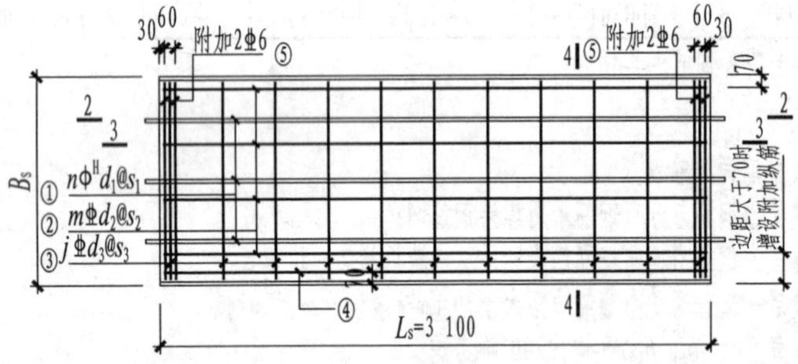

配筋图

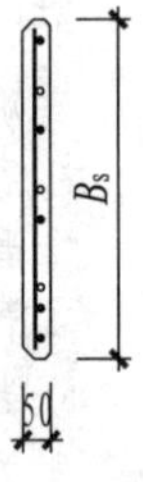

4-4

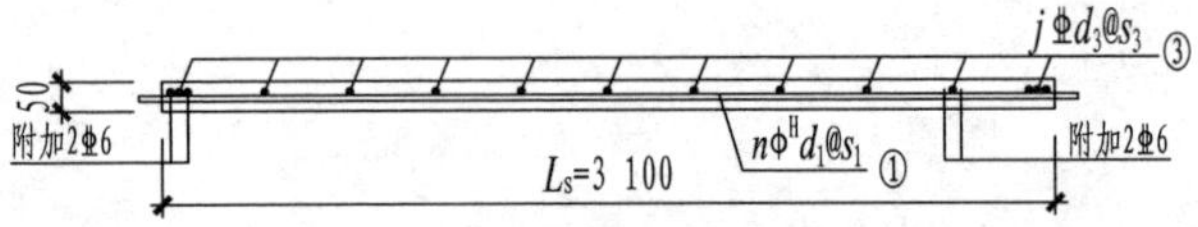

2-2

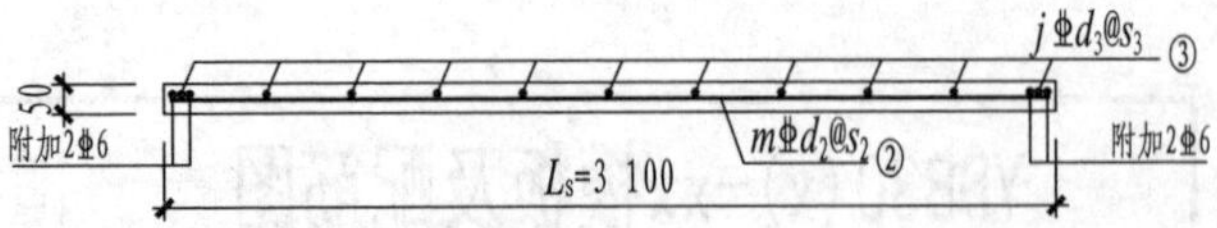

3-3

YDB33(x)-xx配筋表

叠合板选用编号	垂直跨度方向尺寸(m)	底板编号	底板尺寸(m×m)	①预应力钢筋 根数/规格/间距 $n\Phi^H d_1@s_1$	②普通受力钢筋 根数/规格/间距 $m\Phi d_2@s_2$	③分布钢筋 根数/规格/间距 $j\Phi d_3@s_3$	④附加钢筋
YDB33(2)	3.3	YDB33(2)-33	3.10×1.03	3Φ^H5@330	4Φ8@300	11Φ6@300	—
	3.6	YDB33(2)-36	3.10×1.13	3Φ^H5@330	4Φ8@300	11Φ6@300	1Φ8
	3.9	YDB33(2)-39	3.10×1.23	4Φ^H5@300	4Φ8@300	11Φ6@300	1Φ8
	4.2	YDB33(2)-42	3.10×1.33	4Φ^H5@300	5Φ8@300	11Φ6@300	—
	4.5	YDB33(2)-45	3.10×1.43	4Φ^H5@300	5Φ8@300	11Φ6@300	1Φ8
YDB33(3)	3.3	YDB33(3)-33	3.10×1.03	3Φ^H5@330	4Φ8@300	11Φ6@300	—
	3.6	YDB33(3)-36	3.10×1.13	3Φ^H5@330	4Φ8@300	11Φ6@300	1Φ8
	3.9	YDB33(3)-39	3.10×1.23	4Φ^H5@300	4Φ8@300	11Φ6@300	1Φ8
	4.2	YDB33(3)-42	3.10×1.33	4Φ^H5@300	5Φ8@300	11Φ6@300	—
	4.5	YDB33(3)-45	3.10×1.43	4Φ^H5@300	5Φ8@300	11Φ6@300	1Φ8
YDB33(4)	3.3	YDB33(4)-33	3.10×1.03	3Φ^H5@330	4Φ8@300	11Φ6@300	—
	3.6	YDB33(4)-36	3.10×1.13	3Φ^H5@330	4Φ8@300	11Φ6@300	1Φ8
	3.9	YDB33(4)-39	3.10×1.23	4Φ^H5@300	4Φ8@300	11Φ6@300	1Φ8
	4.2	YDB33(4)-42	3.10×1.33	4Φ^H5@300	5Φ8@300	11Φ6@300	—
	4.5	YDB33(4)-45	3.10×1.43	4Φ^H5@300	5Φ8@300	11Φ6@300	1Φ8

注：⑤为附加钢筋，共4ф6。

说明：

1. 底板配筋详配筋表。
2. 普通受力钢筋与分布钢筋采用焊接钢筋网。
3. 普通受力钢筋沿横向按配筋表间距从一边板侧向对边布置，当最后一道普通受力钢筋边距大于70 mm时增设一道附加钢筋。
4. 支座宽度b_1、b_2、b_3、b_4均按200 mm考虑。
5. 本页应配合本图集第9页使用。

YDB33(x)-xx模板及配筋图							图集号	川2018G131-TY
审核	张天平	张天平	校对	赵干荣	赵干荣	设计 宋可加	宋可加	页 26

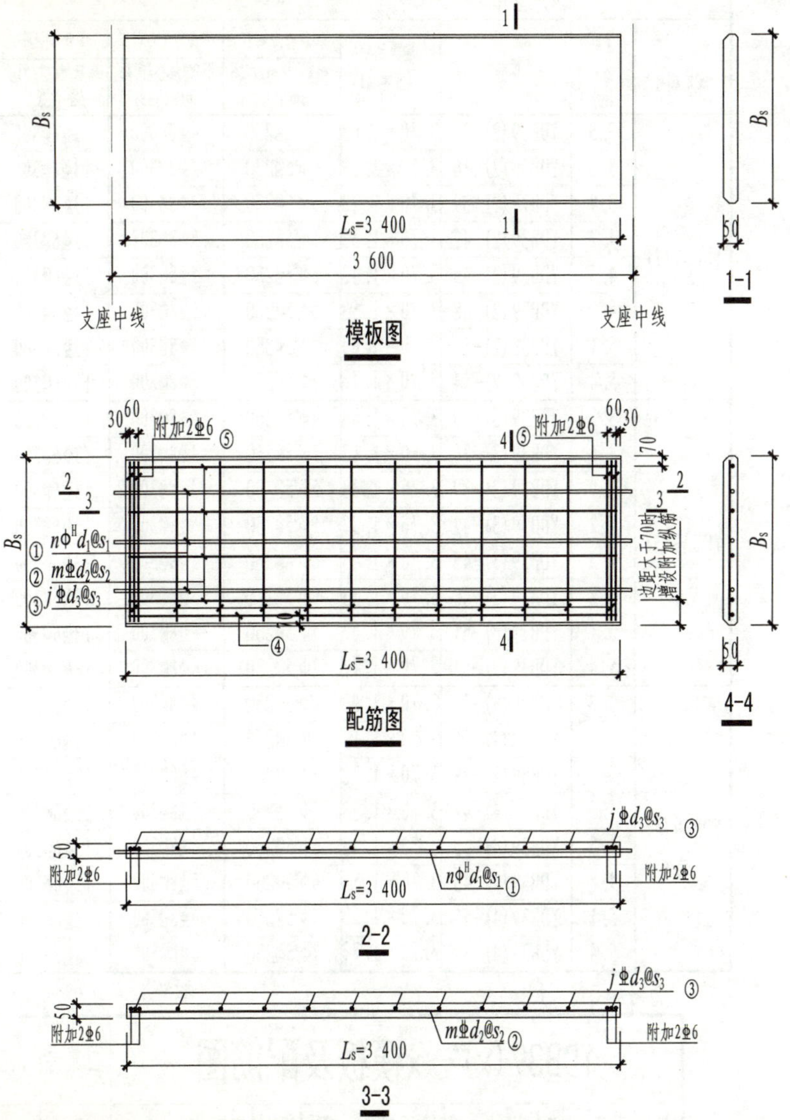

YDB36(x)-xx配筋表

叠合板选用编号	垂直跨度方向尺寸(m)	底板编号	底板尺寸(m×m)	①预应力钢筋 根数/规格/间距 $n\Phi^{H}d_1@s_1$	②普通受力钢筋 根数/规格/间距 $m\Phi d_2@s_2$	③分布钢筋 根数/规格/间距 $j\Phi d_3@s_3$	④附加钢筋
YDB36(2)	3.3	YDB36(2)-33	3.40×1.03	$3\Phi^{H}5@330$	4Φ8@300	12Φ6@300	—
	3.6	YDB36(2)-36	3.40×1.13	$3\Phi^{H}5@330$	4Φ8@300	12Φ6@300	1Φ8
	3.9	YDB36(2)-39	3.40×1.23	$4\Phi^{H}5@300$	4Φ8@300	12Φ6@300	1Φ8
	4.2	YDB36(2)-42	3.40×1.33	$4\Phi^{H}5@300$	5Φ8@300	12Φ6@300	—
	4.5	YDB36(2)-45	3.40×1.43	$4\Phi^{H}5@300$	5Φ8@300	12Φ6@300	1Φ8
	4.8	YDB36(2)-48	3.40×1.53	$5\Phi^{H}5@300$	5Φ8@300	12Φ6@300	1Φ8
YDB36(3)	3.3	YDB36(3)-33	3.40×1.03	$3\Phi^{H}5@330$	4Φ8@300	12Φ6@300	—
	3.6	YDB36(3)-36	3.40×1.13	$3\Phi^{H}5@330$	4Φ8@300	12Φ6@300	1Φ8
	3.9	YDB36(3)-39	3.40×1.23	$4\Phi^{H}5@300$	4Φ8@300	12Φ6@300	1Φ8
	4.2	YDB36(3)-42	3.40×1.33	$4\Phi^{H}5@300$	5Φ8@300	12Φ6@300	—
	4.5	YDB36(3)-45	3.40×1.43	$4\Phi^{H}5@300$	5Φ8@300	12Φ6@300	1Φ8
	4.8	YDB36(3)-48	3.40×1.53	$5\Phi^{H}5@300$	5Φ8@300	12Φ6@300	1Φ8
YDB36(4)	3.3	YDB36(4)-33	3.40×1.03	$3\Phi^{H}5@330$	4Φ8@300	12Φ6@300	—
	3.6	YDB36(4)-36	3.40×1.13	$3\Phi^{H}5@330$	4Φ8@300	12Φ6@300	1Φ8
	3.9	YDB36(4)-39	3.40×1.23	$4\Phi^{H}5@300$	4Φ8@300	12Φ6@300	1Φ8
	4.2	YDB36(4)-42	3.40×1.33	$4\Phi^{H}5@300$	5Φ8@300	12Φ6@300	—
	4.5	YDB36(4)-45	3.40×1.43	$4\Phi^{H}5@300$	5Φ8@300	12Φ6@300	1Φ8
	4.8	YDB36(4)-48	3.40×1.53	$5\Phi^{H}5@300$	5Φ8@300	12Φ6@300	1Φ8

注：⑤为附加钢筋，共4Φ6。

说明：

1. 底板配筋详配筋表。
2. 普通受力钢筋与分布钢筋采用焊接钢筋网。
3. 普通受力钢筋沿横向按配筋表间距从一边板侧向对边布置，当最后一道普通受力钢筋边距大于70 mm时增设一道附加钢筋。
4. 支座宽度b_1、b_2、b_3、b_4均按200 mm考虑。
5. 本页应配合本图集第9页使用。

YDB36(x)-xx模板及配筋图

图集号	川2018G131-TY							
审核	张天平	张天平	校对	赵千荣	赵千荣	设计	宋可加	宋可加
页	27							

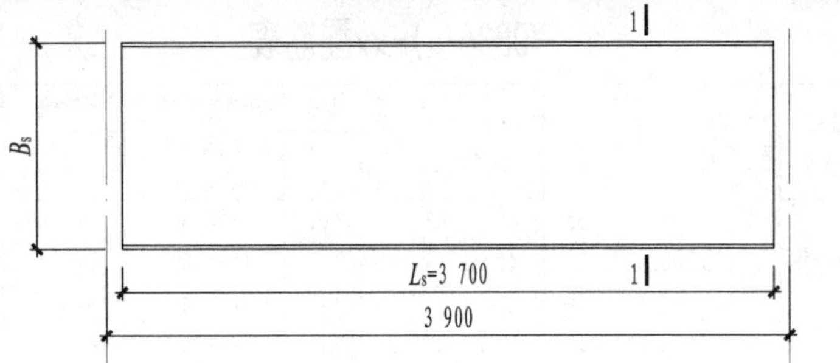

模板图

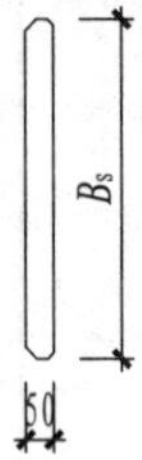

1-1

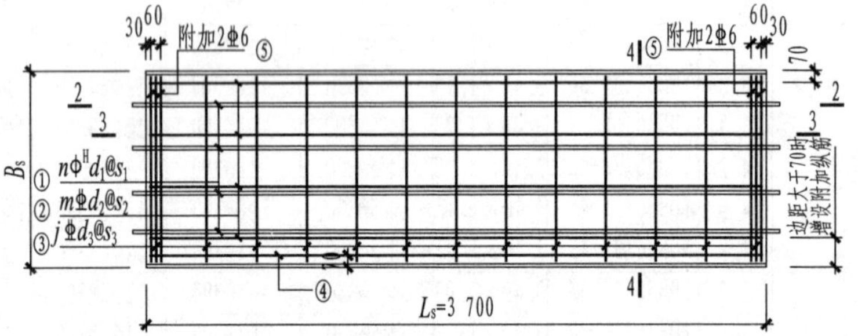

配筋图

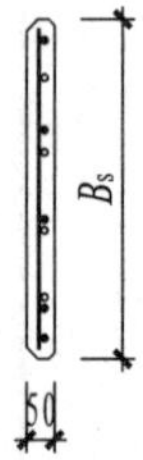

4-4

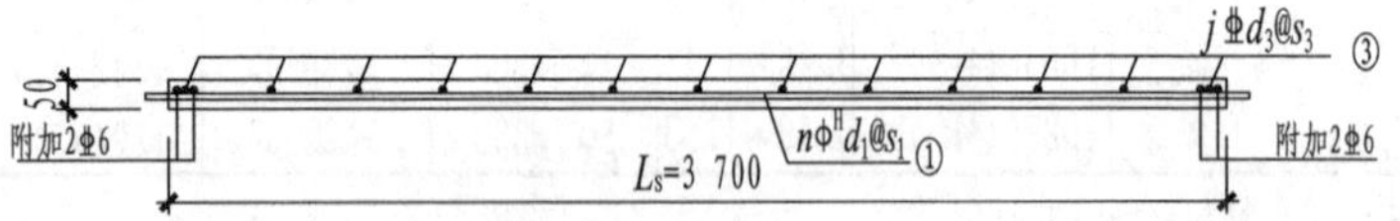

2-2

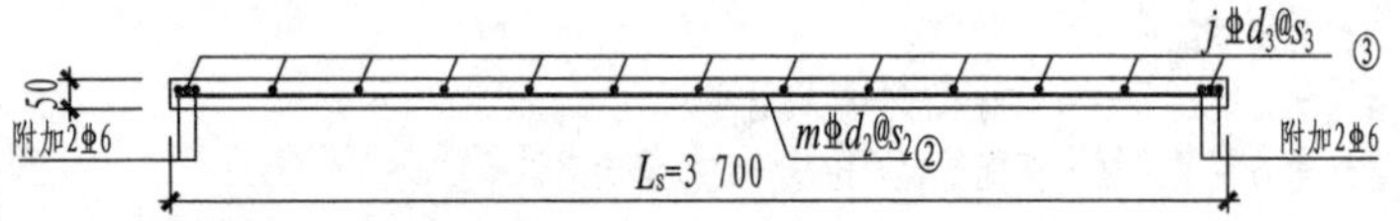

3-3

说明:

1. 底板配筋详配筋表。
2. 普通受力钢筋与分布钢筋采用焊接钢筋网。
3. 普通受力钢筋沿横向按配筋表间距从一边板侧向对边布置,当最后一道普通受力钢筋边距大于70 mm时增设一道附加钢筋。
4. 支座宽度b_1、b_2、b_3、b_4均按200 mm考虑。
5. 本页应配合本图集第9页使用。

YDB39(x)-xx配筋表

叠合板选用编号	垂直跨度方向尺寸(m)	底板编号	底板尺寸(m×m)	①预应力钢筋 根数/规格/间距 $n\Phi^H d_1@s_1$	②普通受力钢筋 根数/规格/间距 $m\Phi d_2@s_2$	③分布钢筋 根数/规格/间距 $j\Phi d_3@s_3$	④附加钢筋
YDB39(2)	3.3	YDB39(2)-33	3.70×1.03	4Φ^H5@250	4Φ8@300	13Φ6@300	—
	3.6	YDB39(2)-36	3.70×1.13	5Φ^H5@250	4Φ8@300	13Φ6@300	1Φ8
	3.9	YDB39(2)-39	3.70×1.23	5Φ^H5@250	4Φ8@300	13Φ6@300	1Φ8
	4.2	YDB39(2)-42	3.70×1.33	5Φ^H5@250	5Φ8@300	13Φ6@300	—
	4.5	YDB39(2)-45	3.70×1.43	6Φ^H5@250	5Φ8@300	13Φ6@300	1Φ8
	4.8	YDB39(2)-48	3.70×1.53	6Φ^H5@250	5Φ8@300	13Φ6@300	1Φ8
	5.1	YDB39(2)-51	3.70×1.63	7Φ^H5@250	6Φ8@300	13Φ6@300	—
	5.4	YDB39(2)-54	3.70×1.73	7Φ^H5@250	6Φ8@300	13Φ6@300	1Φ8
YDB39(3)	3.3	YDB39(3)-33	3.70×1.03	4Φ^H5@250	4Φ8@300	13Φ6@300	—
	3.6	YDB39(3)-36	3.70×1.13	5Φ^H5@250	4Φ8@300	13Φ6@300	1Φ8
	3.9	YDB39(3)-39	3.70×1.23	5Φ^H5@250	4Φ8@300	13Φ6@300	1Φ8
	4.2	YDB39(3)-42	3.70×1.33	5Φ^H5@250	5Φ8@300	13Φ6@300	—
	4.5	YDB39(3)-45	3.70×1.43	6Φ^H5@250	5Φ8@300	13Φ6@300	1Φ8
	4.8	YDB39(3)-48	3.70×1.53	6Φ^H5@250	5Φ8@300	13Φ6@300	1Φ8
	5.1	YDB39(3)-51	3.70×1.63	7Φ^H5@250	6Φ8@300	13Φ6@300	—
	5.4	YDB39(3)-54	3.70×1.73	7Φ^H5@250	6Φ8@300	13Φ6@300	1Φ8
YDB39(4)	3.3	YDB39(4)-33	3.70×1.03	4Φ^H5@250	4Φ8@300	13Φ6@300	—
	3.6	YDB39(4)-36	3.70×1.13	5Φ^H5@250	4Φ8@300	13Φ6@300	1Φ8
	3.9	YDB39(4)-39	3.70×1.23	5Φ^H5@250	4Φ8@300	13Φ6@300	1Φ8
	4.2	YDB39(4)-42	3.70×1.33	5Φ^H5@250	5Φ8@300	13Φ6@300	—
	4.5	YDB39(4)-45	3.70×1.43	6Φ^H5@250	5Φ8@300	13Φ6@300	1Φ8
	4.8	YDB39(4)-48	3.70×1.53	6Φ^H5@250	5Φ8@300	13Φ6@300	1Φ8
	5.1	YDB39(4)-51	3.70×1.63	7Φ^H5@250	6Φ8@300	13Φ6@300	—
	5.4	YDB39(4)-54	3.70×1.73	7Φ^H5@250	6Φ8@300	13Φ6@300	1Φ8

注:⑤为附加钢筋,共4Φ6。

YDB39(x)-xx模板及配筋图							图集号	川2018G131-TY
审核	张天平	[签名]	校对	赵干荣	[签名]	设计 宋可加 [签名]	页	28

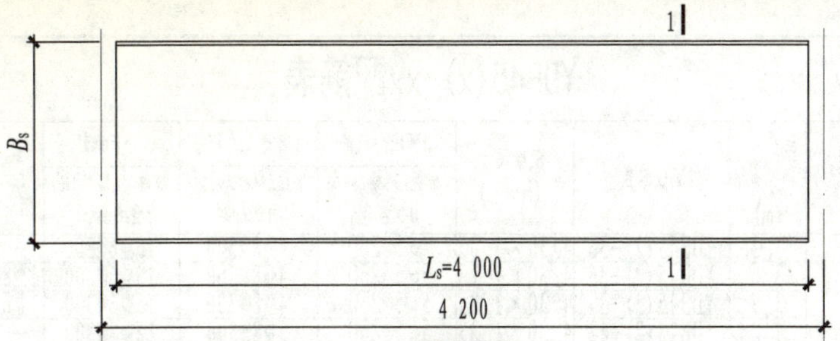

模板图

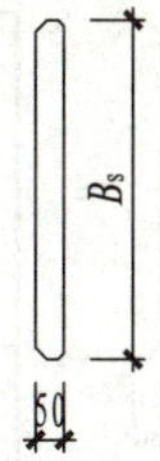

1-1

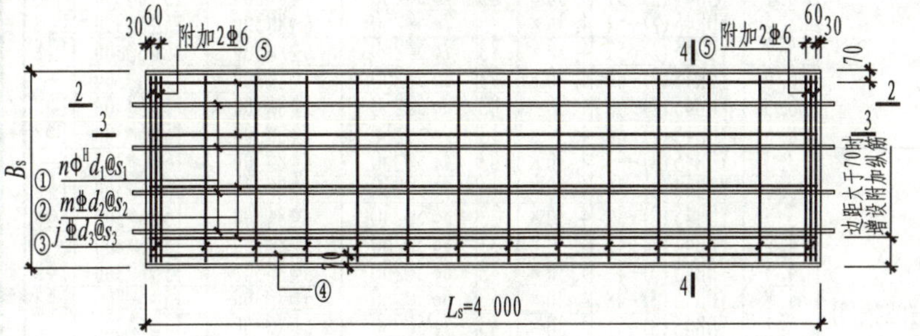

配筋图

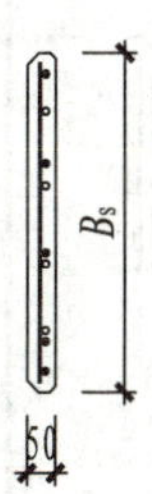

4-4

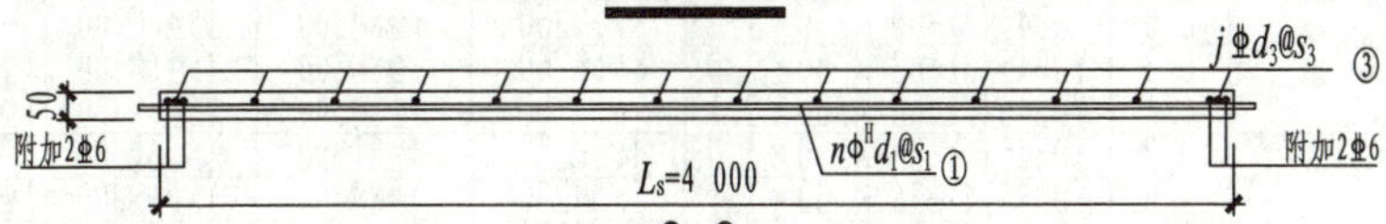

2-2

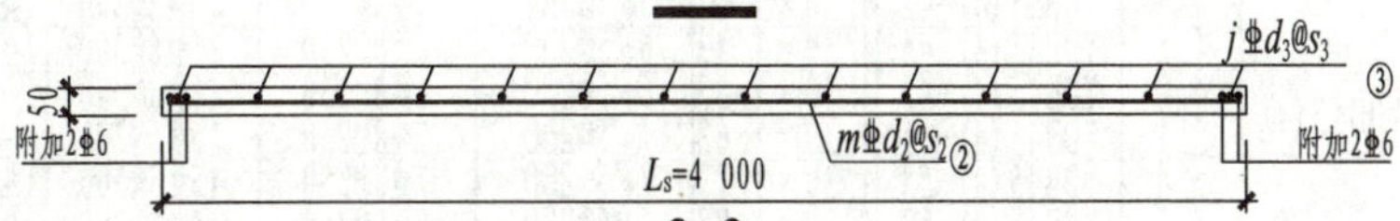

3-3

说明:

1. 底板配筋详配筋表。
2. 普通受力钢筋与分布钢筋采用焊接钢筋网。
3. 普通受力钢筋沿横向按配筋表间距从一边板侧向对边布置，当最后一道普通受力钢筋边距大于70 mm时增设一道附加钢筋。
4. 支座宽度b_1、b_2、b_3、b_4均按200 mm考虑。
5. 本页应配合本图集第9页使用。

YDB42(x)-xx配筋表

叠合板选用编号	垂直跨度方向尺寸(m)	底板编号	底板尺寸(m×m)	①预应力钢筋 根数/规格/间距 $n\phi^{H}d_1@s_1$	②普通受力钢筋 根数/规格/间距 $m\Phi d_2@s_2$	③分布钢筋 根数/规格/间距 $j\Phi d_3@s_3$	④附加钢筋
YDB42(2)	3.3	YDB42(2)-33	4.00×1.03	4ϕ^{H}5@250	4Φ8@300	14Φ6@300	—
	3.6	YDB42(2)-36	4.00×1.13	5ϕ^{H}5@250	4Φ8@300	14Φ6@300	1Φ8
	3.9	YDB42(2)-39	4.00×1.23	5ϕ^{H}5@250	4Φ8@300	14Φ6@300	1Φ8
	4.2	YDB42(2)-42	4.00×1.33	5ϕ^{H}5@250	5Φ8@300	14Φ6@300	—
	4.5	YDB42(2)-45	4.00×1.43	6ϕ^{H}5@250	5Φ8@300	14Φ6@300	1Φ8
	4.8	YDB42(2)-48	4.00×1.53	6ϕ^{H}5@250	5Φ8@300	14Φ6@300	1Φ8
	5.1	YDB42(2)-51	4.00×1.63	7ϕ^{H}5@250	6Φ8@300	14Φ6@300	—
	5.4	YDB42(2)-54	4.00×1.73	7ϕ^{H}5@250	6Φ8@300	14Φ6@300	1Φ8
	5.7	YDB42(2)-57	4.00×1.83	7ϕ^{H}5@250	6Φ8@300	14Φ6@300	1Φ8
	6.0	YDB42(2)-60	4.00×1.93	8ϕ^{H}5@250	7Φ8@300	14Φ6@300	—
	6.3	YDB42(2)-63	4.00×2.03	8ϕ^{H}5@250	7Φ8@300	14Φ6@300	1Φ8
	6.6	YDB42(2)-66	4.00×2.13	9ϕ^{H}5@250	7Φ8@300	14Φ6@300	1Φ8
YDB42(3)	3.3	YDB42(3)-33	4.00×1.03	4ϕ^{H}5@250	4Φ8@300	14Φ6@300	—
	3.6	YDB42(3)-36	4.00×1.13	5ϕ^{H}5@250	4Φ8@300	14Φ6@300	1Φ8
	3.9	YDB42(3)-39	4.00×1.23	5ϕ^{H}5@250	4Φ8@300	14Φ6@300	1Φ8
	4.2	YDB42(3)-42	4.00×1.33	5ϕ^{H}5@250	5Φ8@300	14Φ6@300	—
	4.5	YDB42(3)-45	4.00×1.43	6ϕ^{H}5@250	5Φ8@300	14Φ6@300	1Φ8
	4.8	YDB42(3)-48	4.00×1.53	6ϕ^{H}5@250	5Φ8@300	14Φ6@300	1Φ8
	5.1	YDB42(3)-51	4.00×1.63	7ϕ^{H}5@250	6Φ8@300	14Φ6@300	—
	5.4	YDB42(3)-54	4.00×1.73	7ϕ^{H}5@250	6Φ8@300	14Φ6@300	1Φ8
	5.7	YDB42(3)-57	4.00×1.83	7ϕ^{H}5@250	6Φ8@300	14Φ6@300	1Φ8
	6.0	YDB42(3)-60	4.00×1.93	8ϕ^{H}5@250	7Φ8@300	14Φ6@300	—
	6.3	YDB42(3)-63	4.00×2.03	8ϕ^{H}5@250	7Φ8@300	14Φ6@300	1Φ8
	6.6	YDB42(3)-66	4.00×2.13	9ϕ^{H}5@250	7Φ8@300	14Φ6@300	1Φ8
YDB42(4)	3.3	YDB42(4)-33	4.00×1.03	4ϕ^{H}5@250	4Φ8@300	14Φ6@300	—
	3.6	YDB42(4)-36	4.00×1.13	5ϕ^{H}5@250	4Φ8@300	14Φ6@300	1Φ8
	3.9	YDB42(4)-39	4.00×1.23	5ϕ^{H}5@250	4Φ8@300	14Φ6@300	1Φ8
	4.2	YDB42(4)-42	4.00×1.33	5ϕ^{H}5@250	5Φ8@300	14Φ6@300	—
	4.5	YDB42(4)-45	4.00×1.43	6ϕ^{H}5@250	5Φ8@300	14Φ6@300	1Φ8
	4.8	YDB42(4)-48	4.00×1.53	6ϕ^{H}5@250	5Φ8@300	14Φ6@300	1Φ8
	5.1	YDB42(4)-51	4.00×1.63	7ϕ^{H}5@250	6Φ8@300	14Φ6@300	—
	5.4	YDB42(4)-54	4.00×1.73	7ϕ^{H}5@250	6Φ8@300	14Φ6@300	1Φ8
	5.7	YDB42(4)-57	4.00×1.83	7ϕ^{H}5@250	6Φ8@300	14Φ6@300	1Φ8
	6.0	YDB42(4)-60	4.00×1.93	8ϕ^{H}5@250	7Φ8@300	14Φ6@300	—
	6.3	YDB42(4)-63	4.00×2.03	8ϕ^{H}5@250	7Φ8@300	14Φ6@300	1Φ8
	6.6	YDB42(4)-66	4.00×2.13	9ϕ^{H}5@250	7Φ8@300	14Φ6@300	1Φ8

注：⑤为附加钢筋，共4Φ6。

YDB42(x)-xx模板及配筋图							图集号	川2018G131-TY
审核	张天平	张天平	校对	赵千荣	赵千荣	设计	宋可加	宋可加
页	29							

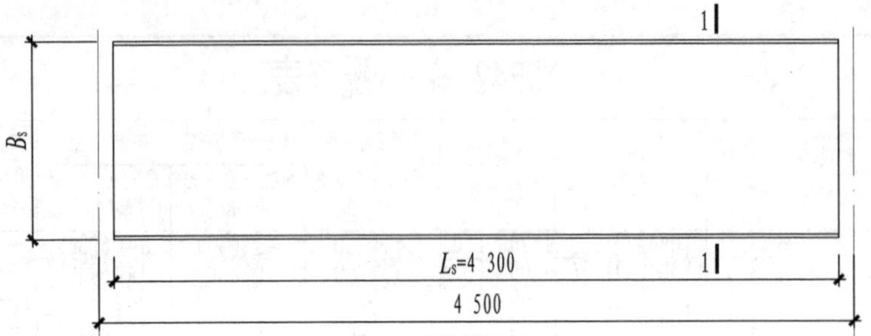

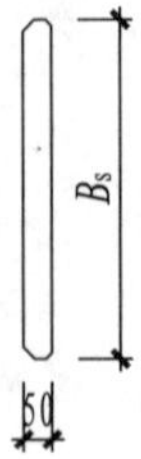

1-1

模板图

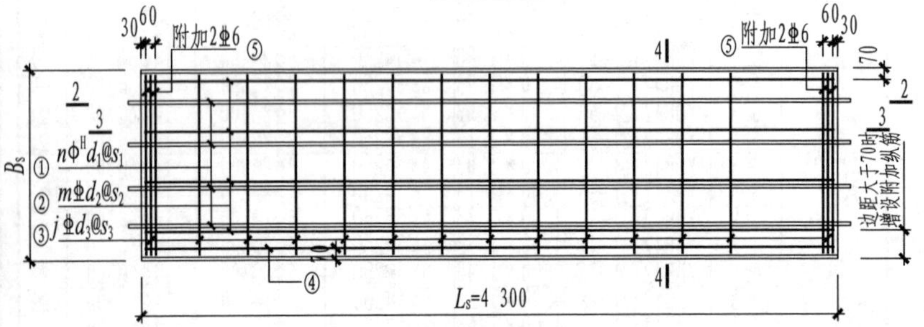

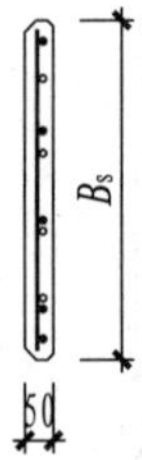

4-4

配筋图

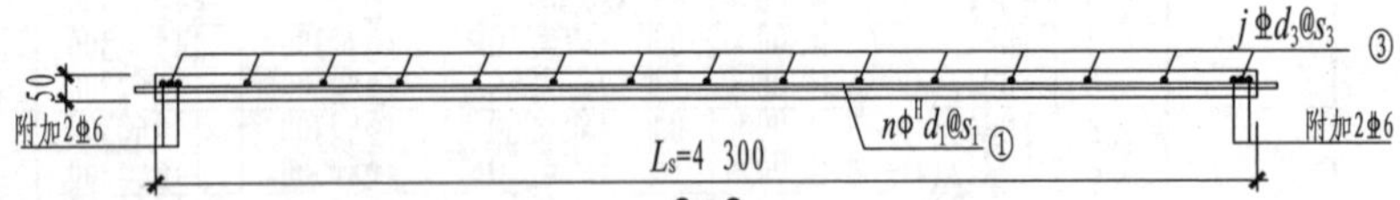

2-2

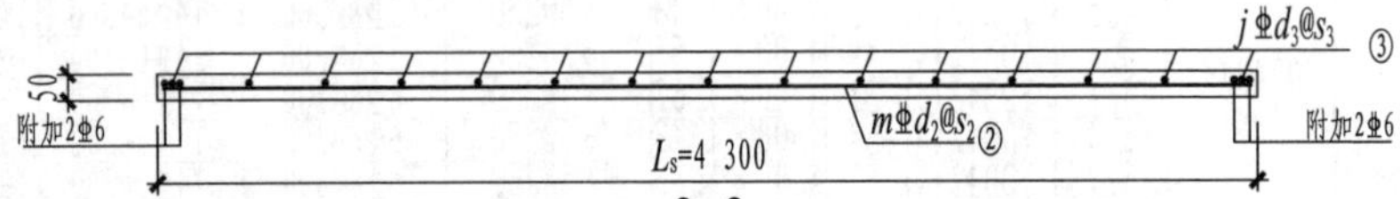

3-3

说明:

1. 底板配筋详配筋表。
2. 普通受力钢筋与分布钢筋采用焊接钢筋网。
3. 普通受力钢筋沿横向按配筋表间距从一边板侧向对边布置，当最后一道普通受力钢筋边距大于70 mm时增设一道附加钢筋。
4. 支座宽度b_1、b_2、b_3、b_4均按200 mm考虑。
5. 本页应配合本图集第9页使用。

YDB45(x)-xx配筋表

叠合板选用编号	垂直跨度方向尺寸(m)	底板编号	底板尺寸(m×m)	①预应力钢筋 根数/规格/间距 $n\phi^{H}d_1@s_1$	②普通受力钢筋 根数/规格/间距 $m\Phi d_2@s_2$	③分布钢筋 根数/规格/间距 $j\Phi d_3@s_3$	④附加钢筋
YDB45(2)	3.3	YDB45(2)-33	4.30×1.03	4ϕ^{H}5@250	4Φ8@300	15Φ6@300	—
	3.6	YDB45(2)-36	4.30×1.13	5ϕ^{H}5@250	4Φ8@300	15Φ6@300	1Φ8
	3.9	YDB45(2)-39	4.30×1.23	5ϕ^{H}5@250	4Φ8@300	15Φ6@300	1Φ8
	4.2	YDB45(2)-42	4.30×1.33	5ϕ^{H}5@250	5Φ8@300	15Φ6@300	—
	4.5	YDB45(2)-45	4.30×1.43	6ϕ^{H}5@250	5Φ8@300	15Φ6@300	1Φ8
	4.8	YDB45(2)-48	4.30×1.53	6ϕ^{H}5@250	5Φ8@300	15Φ6@300	1Φ8
	5.1	YDB45(2)-51	4.30×1.63	7ϕ^{H}5@250	6Φ8@300	15Φ6@300	—
	5.4	YDB45(2)-54	4.30×1.73	7ϕ^{H}5@250	6Φ8@300	15Φ6@300	1Φ8
	5.7	YDB45(2)-57	4.30×1.83	7ϕ^{H}5@250	6Φ8@300	15Φ6@300	1Φ8
	6.0	YDB45(2)-60	4.30×1.93	8ϕ^{H}5@250	7Φ8@300	15Φ6@300	—
	6.3	YDB45(2)-63	4.30×2.03	8ϕ^{H}5@250	7Φ8@300	15Φ6@300	1Φ8
	6.6	YDB45(2)-66	4.30×2.13	9ϕ^{H}5@250	7Φ8@300	15Φ6@300	1Φ8
YDB45(3)	3.3	YDB45(3)-33	4.30×1.03	4ϕ^{H}5@250	4Φ8@300	15Φ6@300	—
	3.6	YDB45(3)-36	4.30×1.13	5ϕ^{H}5@250	4Φ8@300	15Φ6@300	1Φ8
	3.9	YDB45(3)-39	4.30×1.23	5ϕ^{H}5@250	4Φ8@300	15Φ6@300	1Φ8
	4.2	YDB45(3)-42	4.30×1.33	5ϕ^{H}5@250	5Φ8@300	15Φ6@300	—
	4.5	YDB45(3)-45	4.30×1.43	6ϕ^{H}5@250	5Φ8@300	15Φ6@300	1Φ8
	4.8	YDB45(3)-48	4.30×1.53	6ϕ^{H}5@250	5Φ8@300	15Φ6@300	1Φ8
	5.1	YDB45(3)-51	4.30×1.63	7ϕ^{H}5@250	6Φ8@300	15Φ6@300	—
	5.4	YDB45(3)-54	4.30×1.73	7ϕ^{H}5@250	6Φ8@300	15Φ6@300	1Φ8
	5.7	YDB45(3)-57	4.30×1.83	7ϕ^{H}5@250	6Φ8@300	15Φ6@300	1Φ8
	6.0	YDB45(3)-60	4.30×1.93	8ϕ^{H}5@250	7Φ8@300	15Φ6@300	—
	6.3	YDB45(3)-63	4.30×2.03	8ϕ^{H}5@250	7Φ8@300	15Φ6@300	1Φ8
	6.6	YDB45(3)-66	4.30×2.13	9ϕ^{H}5@250	7Φ8@300	15Φ6@300	1Φ8
YDB45(4)	3.3	YDB45(4)-33	4.30×1.03	4ϕ^{H}5@250	4Φ8@300	15Φ6@300	—
	3.6	YDB45(4)-36	4.30×1.13	5ϕ^{H}5@250	4Φ8@300	15Φ6@300	1Φ8
	3.9	YDB45(4)-39	4.30×1.23	5ϕ^{H}5@250	5Φ8@250	15Φ6@300	1Φ8
	4.2	YDB45(4)-42	4.30×1.33	5ϕ^{H}5@250	5Φ8@250	15Φ6@300	1Φ8
	4.5	YDB45(4)-45	4.30×1.43	6ϕ^{H}5@250	6Φ8@250	15Φ6@300	1Φ8
	4.8	YDB45(4)-48	4.30×1.53	6ϕ^{H}5@250	6Φ8@250	15Φ6@300	1Φ8
	5.1	YDB45(4)-51	4.30×1.63	7ϕ^{H}5@250	7Φ8@250	15Φ6@300	—
	5.4	YDB45(4)-54	4.30×1.73	7ϕ^{H}5@250	7Φ8@250	15Φ6@300	1Φ8
	5.7	YDB45(4)-57	4.30×1.83	7ϕ^{H}5@250	8Φ8@250	15Φ6@300	1Φ8
	6.0	YDB45(4)-60	4.30×1.93	8ϕ^{H}5@250	8Φ8@250	15Φ6@300	1Φ8
	6.3	YDB45(4)-63	4.30×2.03	8ϕ^{H}5@250	8Φ8@250	15Φ6@300	1Φ8
	6.6	YDB45(4)-66	4.30×2.13	9ϕ^{H}5@250	9Φ8@250	15Φ6@300	—

注：⑤为附加钢筋，共4Φ6。

YDB45(x)-xx模板及配筋图						图集号	川2018G131-TY
审核	张天平	校对	赵千荣	设计	宋可加	页	30

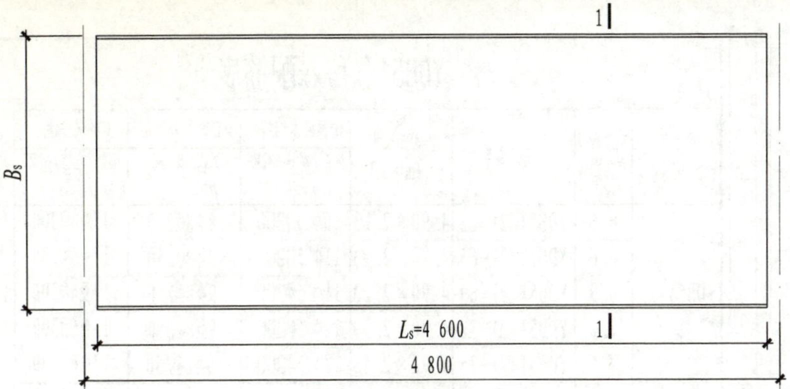

模板图

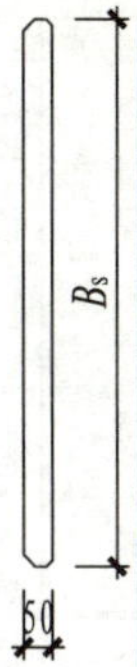

1-1

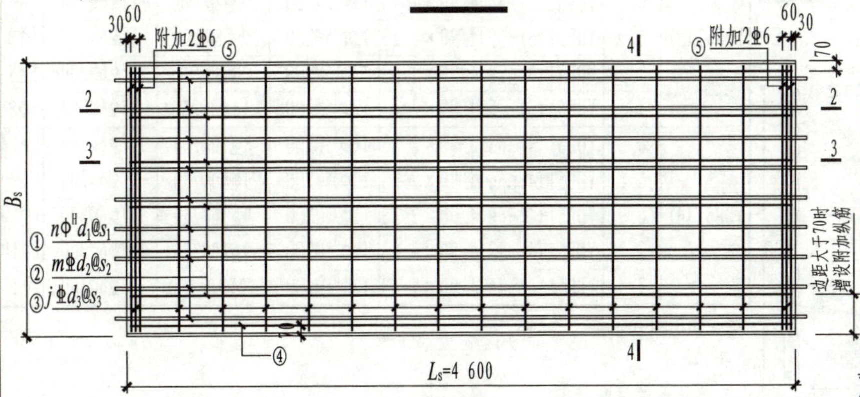

配筋图

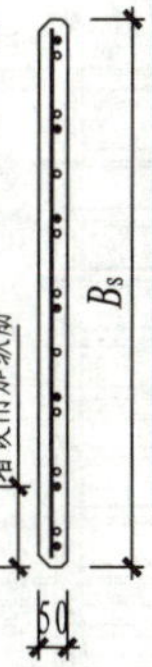

4-4

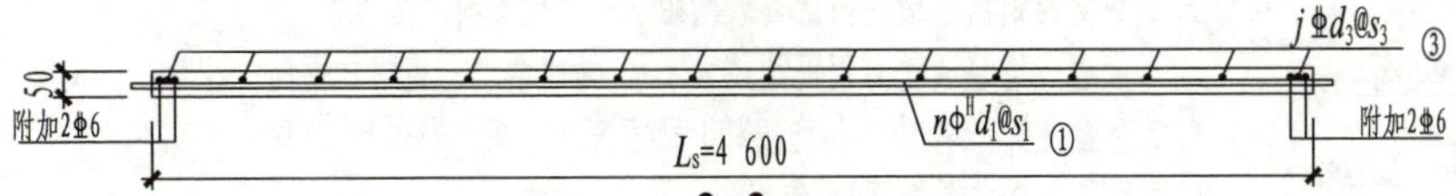

2-2

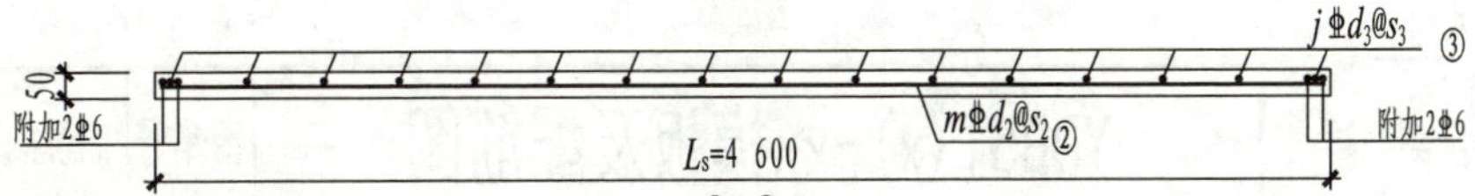

3-3

YDB48(x)-xx配筋表

叠合板选用编号	垂直跨度方向尺寸(m)	底板编号	底板尺寸(m×m)	①预应力钢筋 根数/规格/间距 $n\Phi^{H}d_1@s_1$	②普通受力钢筋 根数/规格/间距 $m\Phi d_2@s_2$	③分布钢筋 根数/规格/间距 $j\Phi d_3@s_3$	④附加钢筋
YDB48(2)	5.7	YDB48(2)-57	4.60×1.83	$9\Phi^{H}5@200$	6Φ8@300	16Φ6@300	1Φ8
	6.0	YDB48(2)-60	4.60×1.93	$10\Phi^{H}5@200$	7Φ8@300	16Φ6@300	—
	6.3	YDB48(2)-63	4.60×2.03	$10\Phi^{H}5@200$	7Φ8@300	16Φ6@300	1Φ8
	6.6	YDB48(2)-66	4.60×2.13	$10\Phi^{H}5@200$	7Φ8@300	16Φ6@300	1Φ8
	6.9	YDB48(2)-69	4.60×2.23	$10\Phi^{H}5@200$	8Φ8@300	16Φ6@300	1Φ8
YDB48(3)	5.7	YDB48(3)-57	4.60×1.83	$9\Phi^{H}5@200$	6Φ8@300	16Φ6@300	1Φ8
	6.0	YDB48(3)-60	4.60×1.93	$10\Phi^{H}5@200$	7Φ8@300	16Φ6@300	—
	6.3	YDB48(3)-63	4.60×2.03	$10\Phi^{H}5@200$	7Φ8@300	16Φ6@300	1Φ8
	6.6	YDB48(3)-66	4.60×2.13	$11\Phi^{H}5@200$	7Φ8@300	16Φ6@300	1Φ8
	6.9	YDB48(3)-69	4.60×2.23	$11\Phi^{H}5@200$	8Φ8@300	16Φ6@300	1Φ8
YDB48(4)	5.7	YDB48(4)-57	4.60×1.83	$9\Phi^{H}5@200$	7Φ8@250	16Φ6@300	1Φ8
	6.0	YDB48(4)-60	4.60×1.83	$10\Phi^{H}5@200$	8Φ8@250	16Φ6@300	1Φ8
	6.3	YDB48(4)-63	4.60×1.83	$10\Phi^{H}5@200$	8Φ8@250	16Φ6@300	1Φ8
	6.6	YDB48(4)-66	4.60×2.13	$11\Phi^{H}5@200$	9Φ8@250	16Φ6@300	—
	6.9	YDB48(4)-69	4.60×2.23	$11\Phi^{H}5@200$	9Φ8@250	16Φ6@300	1Φ8

注：⑤为附加钢筋，共4Φ6。

说明：

1. 底板配筋详配筋表。
2. 普通受力钢筋与分布钢筋采用焊接钢筋网。
3. 普通受力钢筋沿横向按配筋表间距从一边板侧向对边布置，当最后一道普通受力钢筋边距大于70 mm时增设一道附加钢筋。
4. 支座宽度b_1、b_2、b_3、b_4均按200 mm考虑。
5. 本页应配合本图集第9页使用。

YDB48(x)-xx模板及配筋图							图集号	川2018G131-TY
审核	张天平	张天平	校对	赵千荣	赵千荣	设计 宋可加 宋可加	页	31

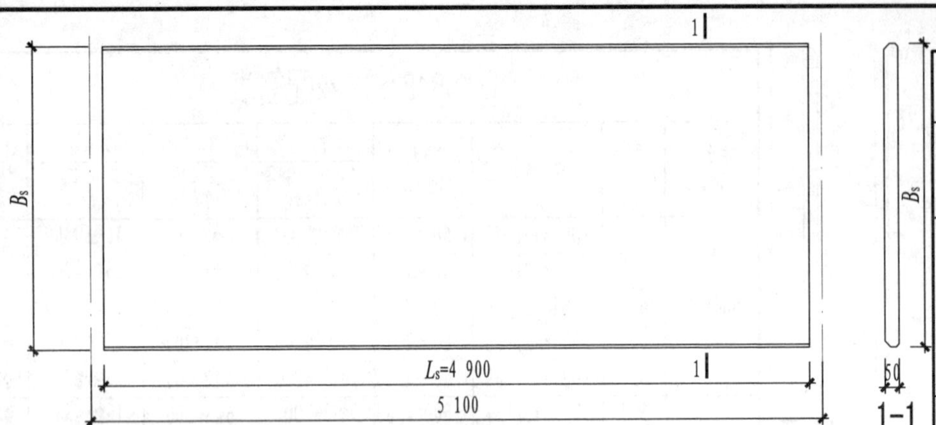

模板图

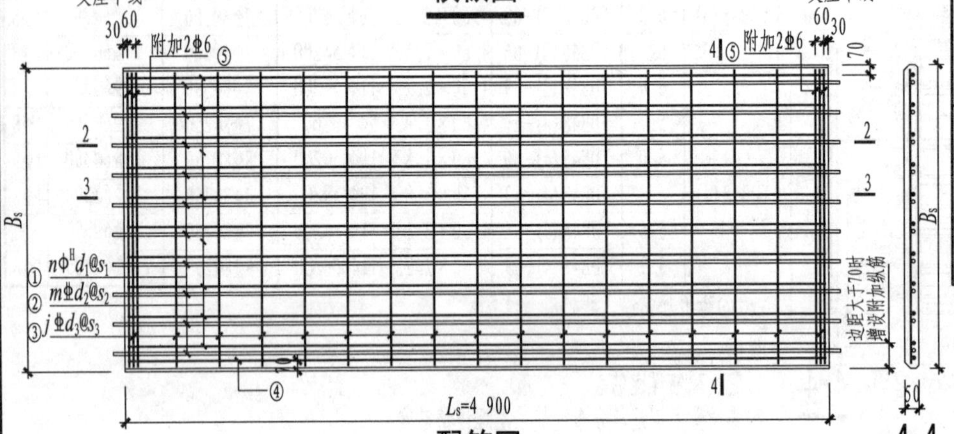

配筋图

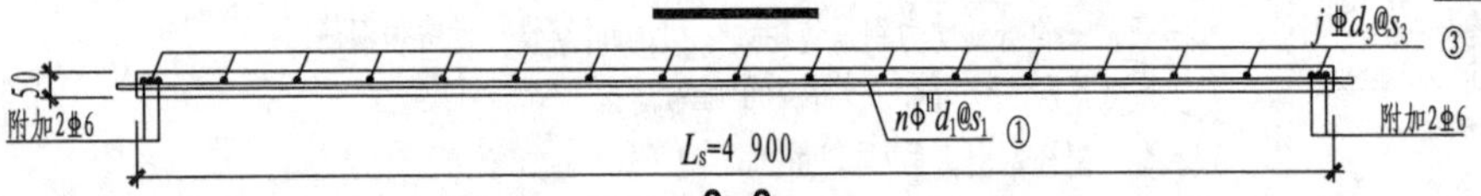

2—2

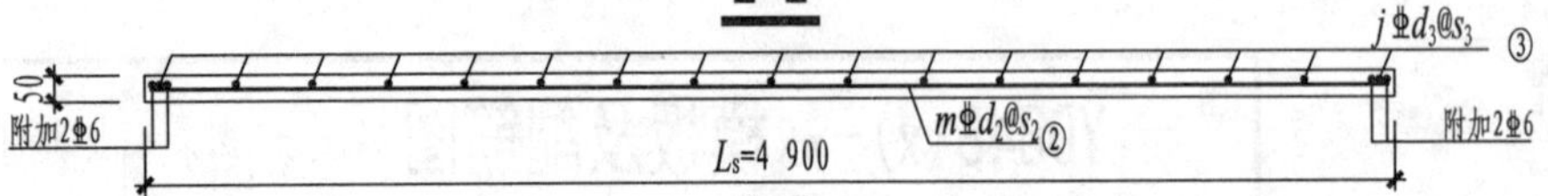

3—3

YDB51(x)-xx配筋表

叠合板选用编号	垂直跨度方向尺寸(m)	底板编号	底板尺寸(m×m)	①预应力钢筋 根数/规格/间距 $n\phi^{H}d_1@s_1$	②普通受力钢筋 根数/规格/间距 $m\Phi d_2@s_2$	③分布钢筋 根数/规格/间距 $j\Phi d_3@s_3$	④附加钢筋
YDB51(2)	6.3	YDB51(2)-63	4.90×2.03	10ϕ^{H}5@200	8Φ8@250	17Φ6@300	1Φ8
	6.6	YDB51(2)-66	4.90×2.13	11ϕ^{H}5@200	9Φ8@250	17Φ6@300	—
	6.9	YDB51(2)-69	4.90×2.23	11ϕ^{H}5@200	9Φ8@250	17Φ6@300	1Φ8
	7.2	YDB51(2)-72	4.90×2.33	12ϕ^{H}5@200	9Φ8@250	17Φ6@300	1Φ8
	7.5	YDB51(2)-75	4.90×2.43	12ϕ^{H}5@200	10Φ8@250	17Φ6@300	1Φ8
YDB51(3)	6.3	YDB51(3)-63	4.90×2.03	10ϕ^{H}5@200	8Φ8@250	17Φ6@300	1Φ8
	6.6	YDB51(3)-66	4.90×2.13	11ϕ^{H}5@200	9Φ8@250	17Φ6@300	—
	6.9	YDB51(3)-69	4.90×2.23	11ϕ^{H}5@200	9Φ8@250	17Φ6@300	1Φ8
	7.2	YDB51(3)-72	4.90×2.33	12ϕ^{H}5@200	9Φ8@250	17Φ6@300	1Φ8
	7.5	YDB51(3)-75	4.90×2.43	12ϕ^{H}5@200	10Φ8@250	17Φ6@300	1Φ8
YDB51(4)	6.3	YDB51(4)-63	4.90×2.03	10ϕ^{H}5@200	8Φ10@250	17Φ6@300	1Φ10
	6.6	YDB51(4)-66	4.90×2.13	11ϕ^{H}5@200	9Φ10@250	17Φ6@300	—
	6.9	YDB51(4)-69	4.90×2.23	11ϕ^{H}5@200	9Φ10@250	17Φ6@300	1Φ10
	7.2	YDB51(4)-72	4.90×2.33	12ϕ^{H}5@200	9Φ10@250	17Φ6@300	1Φ10
	7.5	YDB51(4)-75	4.90×2.43	12ϕ^{H}5@200	10Φ10@250	17Φ6@300	1Φ10

注：⑤为附加钢筋，共4Φ6。

说明：

1. 底板配筋详配筋表。
2. 普通受力钢筋与分布钢筋采用焊接钢筋网。
3. 普通受力钢筋沿横向按配筋表间距从一边板侧向对边布置，当最后一道普通受力钢筋边距大于70 mm时增设一道附加钢筋。
4. 支座宽度b_1、b_2、b_3、b_4均按200 mm考虑。
5. 本页应配合本图集第9页使用。

YDB51(x)-xx模板及配筋图							图集号	川2018G131-TY
审核	张天平	校对	赵千荣	设计	宋可加		页	32

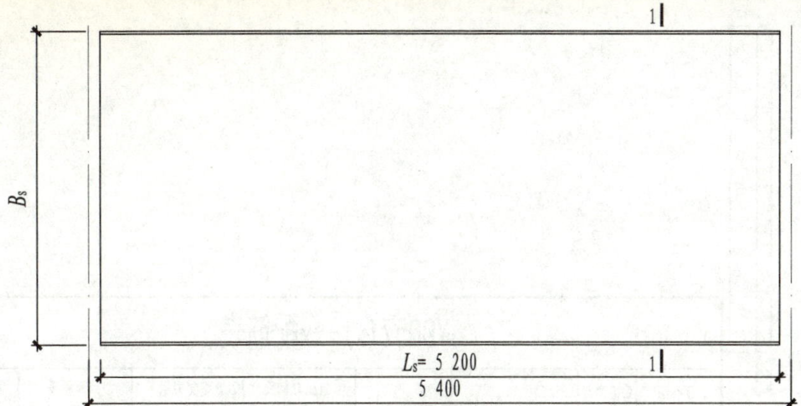

模板图

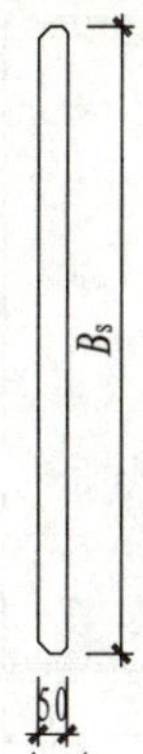

1-1

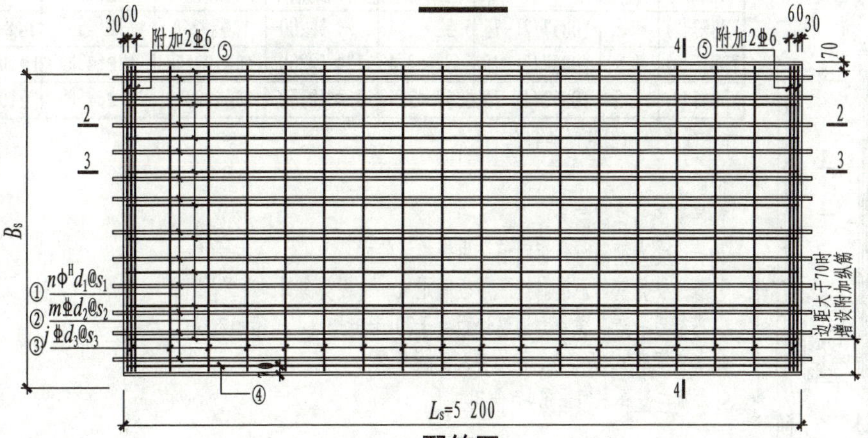

配筋图

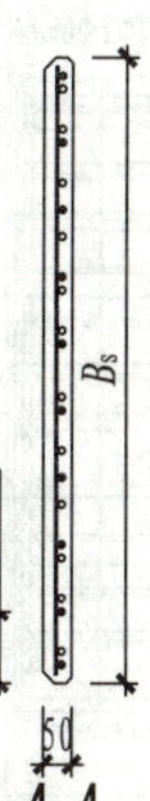

4-4

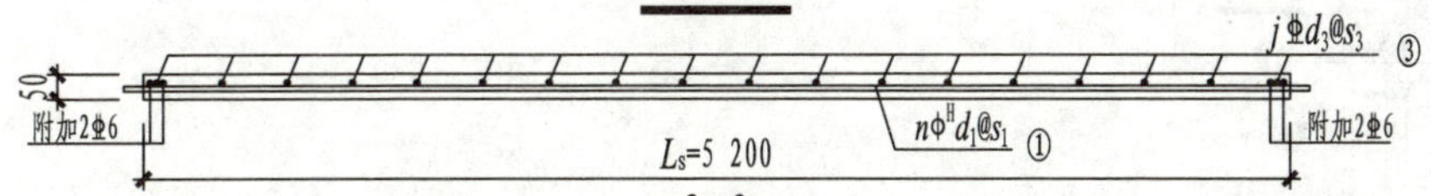

2-2

3-3

YDB54(x)-xx配筋表

叠合板选用编号	垂直跨度方向尺寸(m)	底板编号	底板尺寸(m×m)	①预应力钢筋 根数/规格/间距 $n\Phi^{H}d_1@s_1$	②普通受力钢筋 根数/规格/间距 $m\Phi d_2@s_2$	③分布钢筋 根数/规格/间距 $j\Phi d_3@s_3$	④附加钢筋
YDB54(2)	7.2	YDB54(2)-72	5.20×2.33	$12\Phi^{H}5@200$	9Φ8@200	18Φ6@300	1Φ8
	7.5	YDB54(2)-75	5.20×2.43	$12\Phi^{H}5@200$	10Φ8@200	18Φ6@300	1Φ8
YDB54(3)	7.2	YDB54(3)-72	5.20×2.33	$12\Phi^{H}5@200$	9Φ8@200	18Φ6@300	1Φ8
	7.5	YDB54(3)-75	5.20×2.43	$12\Phi^{H}5@200$	10Φ8@200	18Φ6@300	1Φ8
YDB54(4)	7.2	YDB54(4)-72	5.20×2.33	$12\Phi^{H}5@200$	9Φ8@200	18Φ6@300	1Φ10
	7.5	YDB54(4)-75	5.20×2.43	$12\Phi^{H}5@200$	10Φ8@200	18Φ6@300	1Φ10

注：⑤为附加钢筋，共4Φ6。

说明：

1. 底板配筋详配筋表。
2. 普通受力钢筋与分布钢筋采用焊接钢筋网。
3. 普通受力钢筋沿横向按配筋表间距从一边板侧向对边布置，当最后一道普通受力钢筋边距大于70 mm时增设一道附加钢筋。
4. 支座宽度b_1、b_2、b_3、b_4均按200 mm考虑。
5. 本页应配合本图集第9页使用。

YDB54(x)-xx模板及配筋图

审核	张天平	(签名)	校对	赵千荣	(签名)	设计	宋可加	(签名)	图集号	川2018G131-TY
									页	33

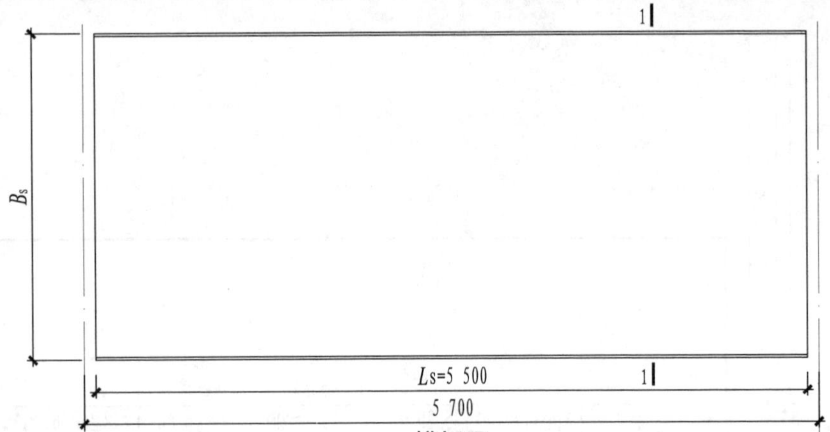

模板图

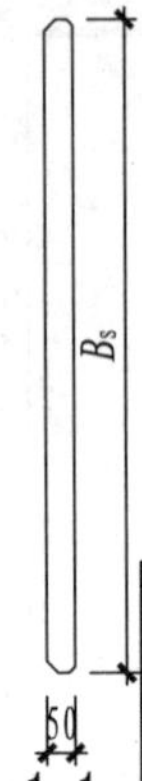

1-1

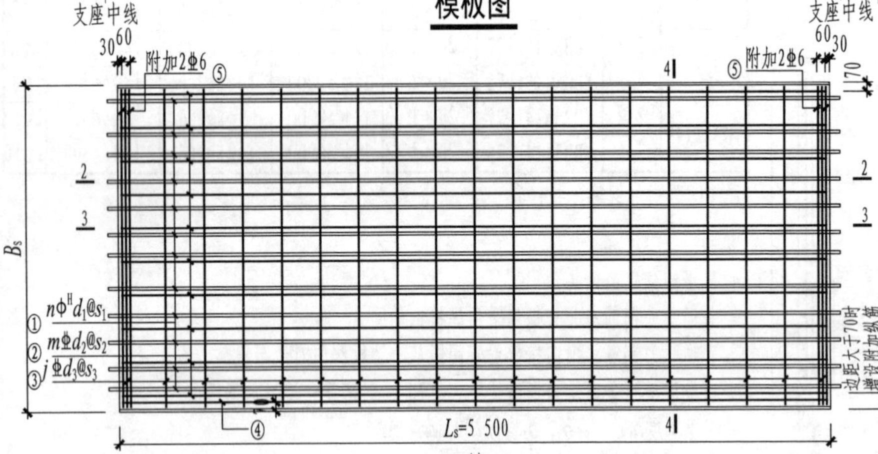

配筋图

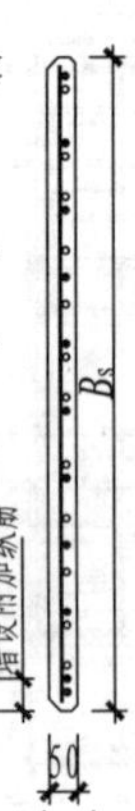

4-4

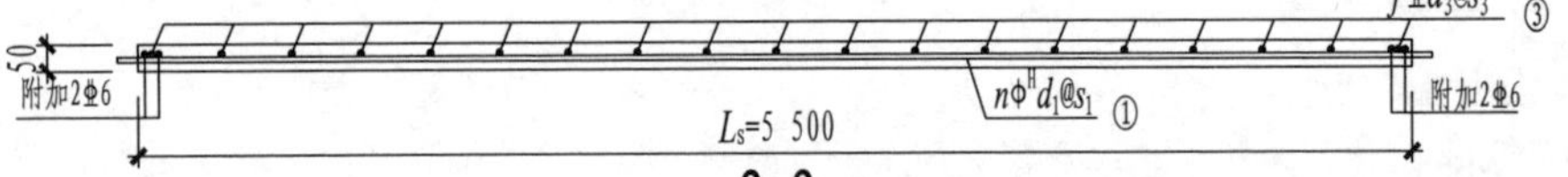

2-2

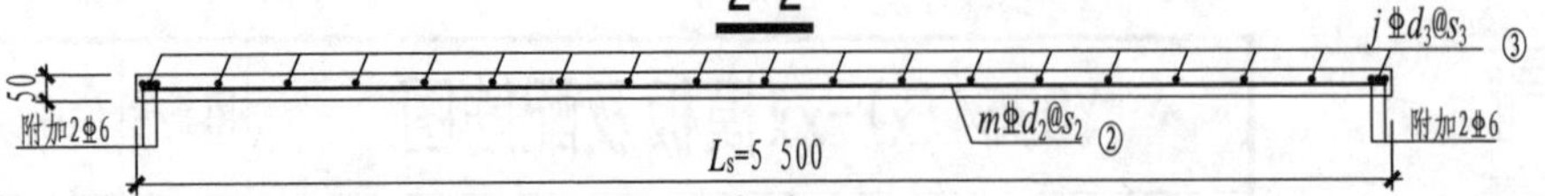

3-3

YDB57(x)-xx配筋表

叠合板选用编号	垂直跨度方向尺寸(m)	底板编号	底板尺寸(m×m)	①预应力钢筋	②普通受力钢筋	③分布钢筋	④附加钢筋
				根数/规格/间距 $n\Phi^{H}d_1@s_1$	根数/规格/间距 $m\Phi d_2@s_2$	根数/规格/间距 $j\Phi d_3@s_3$	
YDB57(2)	7.5	YDB57(2)-75	5.52×2.43	$12\Phi^{H}5@200$	10Φ8@250	19Φ6@300	1Φ8
YDB57(3)	7.5	YDB57(3)-75	5.52×2.43	$12\Phi^{H}5@200$	10Φ10@250	19Φ6@300	1Φ10
YDB57(4)	7.5	YDB57(4)-75	5.52×2.43	$15\Phi^{H}5@150$	10Φ10@250	19Φ6@300	1Φ10

注：⑤为附加钢筋，共4Φ6。

说明：

1. 底板配筋详配筋表。
2. 普通受力钢筋与分布钢筋采用焊接钢筋网。
3. 普通受力钢筋沿横向按配筋表间距从一边板侧向对边布置，当最后一道普通受力钢筋边距大于70 mm时增设一道附加钢筋。
4. 支座宽度b_1、b_2、b_3、b_4均按200 mm考虑。
5. 本页应配合本图集第9页使用。

YDB57(x)-xx模板及配筋图							图集号	川2018G131-TY
审核	张天平	[signature]	校对	赵干荣	[signature]	设计 宋可加 [signature]	页	34

底板材料表(一)

叠合板选用编号	垂直跨度方向尺寸(m)	底板编号	底板尺寸(m×m)	预应力钢筋$\phi^H5$①				普通受力钢筋Φ8(②+④)				分布钢筋Φ6(③+⑤)				混凝土体积(m^3)	底板自重(t)	每平方米用钢量(kg)
				长度(mm)	根数 m	共长(m)	共重(kg)	长度(mm)	根数 n	共长(m)	共重(kg)	长度(mm)	根数 j	共长(m)	共重(kg)			
YDB30(2)	3.3	YDB30(2)-33	2.80×1.03		3	9.00	1.39	2 760	4	11.04	4.36	970	14	13.58	3.02	0.15	0.37	3.04
YDB30(3)	3.3	YDB30(3)-33	2.80×1.03		3	9.00	1.39	2 760	4	11.04	4.36	970	14	13.58	3.02	0.15	0.37	3.04
YDB30(4)	3.3	YDB30(4)-33	2.80×1.03		3	9.00	1.39	2 760	4	11.04	4.36	970	14	13.58	3.02	0.15	0.37	3.04
YDB33(2)	3.3	YDB33(2)-33	3.10×1.03	3 300	3	9.90	1.53	3 060	4	12.24	4.84	970	15	14.55	3.23	0.16	0.40	3.00
	3.6	YDB33(2)-36	3.10×1.13	3 300	3	9.90	1.53	3 060	5	15.30	6.05	1 070	15	16.05	3.57	0.18	0.44	3.18
	3.9	YDB33(2)-39	3.10×1.23	3 300	4	13.20	2.04	3 060	5	15.30	6.05	1 170	15	17.55	3.90	0.19	0.48	3.14
	4.2	YDB33(2)-42	3.10×1.33	3 300	4	13.20	2.04	3 060	5	15.30	6.05	1 270	15	19.08	4.23	0.21	0.52	2.99
	4.5	YDB33(2)-45	3.10×1.43	3 300	4	13.20	2.04	3 060	6	18.36	7.26	1 370	15	20.55	4.57	0.22	0.56	3.12
YDB33(3)	3.3	YDB33(3)-33	3.10×1.03	3 300	3	9.90	1.53	3 060	4	12.24	4.84	970	15	14.55	3.23	0.16	0.40	3.00
	3.6	YDB33(3)-36	3.10×1.13	3 300	3	9.90	1.53	3 060	5	15.30	6.05	1 070	15	16.05	3.57	0.18	0.44	3.18
	3.9	YDB33(3)-39	3.10×1.23	3 300	4	13.20	2.04	3 060	5	15.30	6.05	1 170	15	17.55	3.90	0.19	0.48	3.14
	4.2	YDB33(3)-42	3.10×1.33	3 300	4	13.20	2.04	3 060	5	15.30	6.05	1 270	15	19.08	4.23	0.21	0.52	2.99
	4.5	YDB33(3)-45	3.10×1.43	3 300	4	13.20	2.04	3 060	6	18.36	7.26	1 370	15	20.55	4.57	0.22	0.56	3.12
YDB33(4)	3.3	YDB33(4)-33	3.10×1.03	3 300	3	9.90	1.53	3 060	4	12.24	4.84	970	15	14.55	3.23	0.16	0.40	3.00
	3.6	YDB33(4)-36	3.10×1.13	3 300	3	9.90	1.53	3 060	5	15.30	6.05	1 070	15	16.05	3.57	0.18	0.44	3.18
	3.9	YDB33(4)-39	3.10×1.23	3 300	4	13.20	2.04	3 060	5	15.30	6.05	1 170	15	17.55	3.90	0.19	0.48	3.14
	4.2	YDB33(4)-42	3.10×1.33	3 300	4	13.20	2.04	3 060	5	15.30	6.05	1 270	15	19.08	4.23	0.21	0.52	2.99
	4.5	YDB33(4)-45	3.10×1.43	3 300	4	13.20	2.04	3 060	6	18.36	7.26	1 370	15	20.55	4.57	0.22	0.56	3.12

底板材料表(二)

叠合板选用编号	垂直跨度方向尺寸(m)	底板编号	底板尺寸(m×m)	预应力钢筋$\phi^{H}5$①				普通受力钢筋Φ8(②+④)				分布钢筋Φ6(③+⑤)				混凝土体积(m^3)	底板自重(t)	每平方米用钢量(kg)
				长度(mm)	根数 m	共长(m)	共重(kg)	长度(mm)	根数 n	共长(m)	共重(kg)	长度(mm)	根数 j	共长(m)	共重(kg)			
YDB36(2)	3.3	YDB36(2)-33	3.40×1.03	3 600	3	10.80	1.67	3 360	4	13.44	5.31	970	16	15.50	3.45	0.18	0.44	2.98
	3.6	YDB36(2)-36	3.40×1.13	3 600	3	10.80	1.67	3 360	5	16.80	6.64	1070	16	17.12	3.80	0.19	0.48	3.15
	3.9	YDB36(2)-39	3.40×1.23	3 600	4	14.40	2.22	3 360	5	16.80	6.64	1170	16	18.72	4.16	0.21	0.53	3.11
	4.2	YDB36(2)-42	3.40×1.33	3 600	4	14.40	2.22	3 360	5	16.80	6.64	1270	16	20.32	4.51	0.23	0.57	2.96
	4.5	YDB36(2)-45	3.40×1.43	3 600	4	14.40	2.22	3 360	6	20.16	7.96	1370	16	21.92	4.87	0.21	0.61	3.10
	4.8	YDB36(2)-48	3.40×1.53	3 600	5	18.00	2.78	3 360	6	20.16	7.96	1470	16	23.52	5.22	0.26	0.65	3.07
YDB36(3)	3.3	YDB36(3)-33	3.40×1.03	3 600	3	10.80	1.67	3 360	4	13.44	5.31	970	16	15.50	3.45	0.18	0.44	2.98
	3.6	YDB36(3)-36	3.40×1.13	3 600	3	10.80	1.67	3 360	5	16.80	6.64	1070	16	17.12	3.80	0.19	0.48	3.15
	3.9	YDB36(3)-39	3.40×1.23	3 600	4	14.40	2.22	3 360	5	16.80	6.64	1170	16	18.72	4.16	0.21	0.53	3.11
	4.2	YDB36(3)-42	3.40×1.33	3 600	4	14.40	2.22	3 360	5	16.80	6.64	1270	16	20.32	4.51	0.23	0.57	2.96
	4.5	YDB36(3)-45	3.40×1.43	3 600	4	14.40	2.22	3 360	6	20.16	7.96	1370	16	21.92	4.87	0.21	0.61	3.10
	4.8	YDB36(3)-48	3.40×1.53	3 600	5	18.00	2.78	3 360	6	20.16	7.96	1470	16	23.52	5.22	0.26	0.65	3.07
YDB36(4)	3.3	YDB36(4)-33	3.40×1.03	3 600	3	10.80	1.67	3 360	4	13.44	5.31	970	16	15.50	3.45	0.18	0.44	2.98
	3.6	YDB36(4)-36	3.40×1.13	3 600	3	10.80	1.67	3 360	5	16.80	6.64	1070	16	17.12	3.80	0.19	0.48	3.15
	3.9	YDB36(4)-39	3.40×1.23	3 600	4	14.40	2.22	3 360	5	16.80	6.64	1170	16	18.72	4.16	0.21	0.53	3.11
	4.2	YDB36(4)-42	3.40×1.33	3 600	4	14.40	2.22	3 360	5	16.80	6.64	1270	16	20.32	4.51	0.23	0.57	2.96
	4.5	YDB36(4)-45	3.40×1.43	3 600	4	14.40	2.22	3 360	6	20.16	7.96	1370	16	21.92	4.87	0.21	0.61	3.10
	4.8	YDB36(4)-48	3.40×1.53	3 600	5	18.00	2.78	3 360	6	20.16	7.96	1470	16	23.52	5.22	0.26	0.65	3.07

底板材料表(三)

叠合板选用编号	垂直跨度方向尺寸(m)	底板编号	底板尺寸(m×m)	预应力钢筋$\phi^{H}5$①				普通受力钢筋Φ8(②+④)				分布钢筋Φ6(③+⑤)				混凝土体积(m^3)	底板自重(t)	每平方米用钢量(kg)
				长度(mm)	根数 m	共长(m)	共重(kg)	长度(mm)	根数 n	共长(m)	共重(kg)	长度(mm)	根数 j	共长(m)	共重(kg)			
YDB39(2)	3.3	YDB39(2)-33	3.70×1.03	3 900	4	15.60	2.41	3 660	4	14.64	5.78	970	17	16.49	3.66	0.19	0.48	3.11
	3.6	YDB39(2)-36	3.70×1.13	3 900	5	19.50	3.01	3 660	5	18.30	7.23	1 070	17	18.19	4.04	0.21	0.52	3.41
	3.9	YDB39(2)-39	3.70×1.23	3 900	5	19.50	3.01	3 660	5	18.30	7.23	1 170	17	19.89	4.42	0.23	0.57	3.22
	4.2	YDB39(2)-42	3.70×1.33	3 900	5	19.50	3.01	3 660	5	18.30	7.23	1 270	17	21.59	4.79	0.25	0.62	3.05
	4.5	YDB39(2)-45	3.70×1.43	3 900	6	23.40	3.61	3 660	6	21.96	8.67	1 370	17	23.29	5.17	0.27	0.66	3.30
	4.8	YDB39(2)-48	3.70×1.53	3 900	6	23.40	3.61	3 660	6	21.96	8.67	1 470	17	24.99	5.55	0.29	0.71	3.15
	5.1	YDB39(2)-51	3.70×1.63	3 900	7	27.30	4.21	3 660	6	21.96	8.67	1 570	17	26.69	5.93	0.31	0.75	3.12
	5.4	YDB39(2)-54	3.70×1.73	3 900	7	27.30	4.21	3 660	7	25.62	10.12	1 670	17	28.39	6.30	0.32	0.80	3.22
YDB39(3)	3.3	YDB39(3)-33	3.70×1.03	3 900	4	15.60	2.41	3 660	4	14.64	5.78	970	17	16.49	3.66	0.19	0.48	3.11
	3.6	YDB39(3)-36	3.70×1.13	3 900	5	19.50	3.01	3 660	5	18.30	7.23	1 070	17	18.19	4.04	0.21	0.52	3.41
	3.9	YDB39(3)-39	3.70×1.23	3 900	5	19.50	3.01	3 660	5	18.30	7.23	1 170	17	19.89	4.42	0.23	0.57	3.22
	4.2	YDB39(3)-42	3.70×1.33	3 900	5	19.50	3.01	3 660	5	18.30	7.23	1 270	17	21.59	4.79	0.25	0.62	3.05
	4.5	YDB39(3)-45	3.70×1.43	3 900	6	23.40	3.61	3 660	6	21.96	8.67	1 370	17	23.29	5.17	0.27	0.66	3.30
	4.8	YDB39(3)-48	3.70×1.53	3 900	6	23.40	3.61	3 660	6	21.96	8.67	1 470	17	24.99	5.55	0.29	0.71	3.15
	5.1	YDB39(3)-51	3.70×1.63	3 900	7	27.30	4.21	3 660	6	21.96	8.67	1 570	17	26.69	5.93	0.31	0.75	3.12
	5.4	YDB39(3)-54	3.70×1.73	3 900	7	27.30	4.21	3 660	7	25.62	10.12	1 670	17	28.39	6.30	0.32	0.80	3.22
YDB39(4)	3.3	YDB39(4)-33	3.70×1.03	3 900	4	15.60	2.41	3 660	4	14.64	5.78	970	17	16.49	3.66	0.19	0.48	3.11
	3.6	YDB39(4)-36	3.70×1.13	3 900	5	19.50	3.01	3 660	5	18.30	7.23	1 070	17	18.19	4.04	0.21	0.52	3.41
	3.9	YDB39(4)-39	3.70×1.23	3 900	5	19.50	3.01	3 660	5	18.30	7.23	1 170	17	19.89	4.42	0.23	0.57	3.22
	4.2	YDB39(4)-42	3.70×1.33	3 900	5	19.50	3.01	3 660	5	18.30	7.23	1 270	17	21.59	4.79	0.25	0.62	3.05
	4.5	YDB39(4)-45	3.70×1.43	3 900	6	23.40	3.61	3 660	6	21.96	8.67	1 370	17	23.29	5.17	0.27	0.66	3.30
	4.8	YDB39(4)-48	3.70×1.53	3 900	6	23.40	3.61	3 660	6	21.96	8.67	1 470	17	24.99	5.55	0.29	0.71	3.15
	5.1	YDB39(4)-51	3.70×1.63	3 900	7	27.30	4.21	3 660	6	21.96	8.67	1 570	17	26.69	5.93	0.31	0.75	3.12
	5.4	YDB39(4)-54	3.70×1.73	3 900	7	27.30	4.21	3 660	7	25.62	10.12	1 670	17	28.39	6.30	0.32	0.80	3.22

底板材料表(四)

叠合板选用编号	垂直跨度方向尺寸(m)	底板编号	底板尺寸(m×m)	预应力钢筋$\phi^H5$①				普通受力钢筋Φ8(②+④)				分布钢筋Φ6(③+⑤)				混凝土体积(m^3)	底板自重(t)	每平方米用钢量(kg)
				长度(mm)	根数 m	共长(m)	共重(kg)	长度(mm)	根数 n	共长(m)	共重(kg)	长度(mm)	根数 j	共长(m)	共重(kg)			
YDB42(2)	3.3	YDB42(2)-33	4.00×1.03	4 200	4	16.80	2.59	3 960	4	15.84	6.26	970	18	17.46	3.88	0.21	0.52	3.09
	3.6	YDB42(2)-36	4.00×1.13	4 200	5	21.00	3.24	3 960	5	19.80	7.82	1 070	18	19.26	4.28	0.23	0.57	3.39
	3.9	YDB42(2)-39	4.00×1.23	4 200	5	21.00	3.24	3 960	5	19.80	7.82	1 170	18	21.06	4.67	0.25	0.62	3.20
	4.2	YDB42(2)-42	4.00×1.33	4 200	5	21.00	3.24	3 960	5	19.80	7.82	1 270	18	22.86	5.07	0.27	0.67	3.03
	4.5	YDB42(2)-45	4.00×1.43	4 200	6	25.20	3.89	3 960	6	23.76	9.39	1 370	18	24.66	5.47	0.29	0.72	3.28
	4.8	YDB42(2)-48	4.00×1.53	4 200	6	25.20	3.89	3 960	6	23.76	9.39	1 470	18	26.46	5.87	0.31	0.77	3.13
	5.1	YDB42(2)-51	4.00×1.63	4 200	7	29.40	4.53	3 960	6	23.76	9.39	1 570	18	28.26	6.27	0.33	0.82	3.10
	5.4	YDB42(2)-54	4.00×1.73	4 200	7	29.40	4.53	3 960	7	27.72	10.95	1 670	18	30.06	6.67	0.35	0.87	3.20
	5.7	YDB42(2)-57	4.00×1.83	4 200	7	29.40	4.53	3 960	7	27.72	10.95	1 770	18	31.86	7.07	0.37	0.92	3.08
	6.0	YDB42(2)-60	4.00×1.93	4 200	8	33.60	5.18	3 960	7	27.72	10.95	1 870	18	33.66	7.47	0.39	0.97	3.06
	6.3	YDB42(2)-63	4.00×2.03	4 200	8	33.60	5.18	3 960	8	31.68	12.51	1 970	18	35.46	7.87	0.41	1.02	3.15
	6.6	YDB42(2)-66	4.00×2.13	4 200	9	37.80	5.83	3 960	8	31.68	12.51	2 070	18	37.26	8.27	0.43	1.07	3.12
YDB42(3)	3.3	YDB42(3)-33	4.00×1.03	4 200	4	16.80	2.59	3 960	4	15.84	6.26	970	18	17.46	3.88	0.21	0.52	3.09
	3.6	YDB42(3)-36	4.00×1.13	4 200	5	21.00	3.24	3 960	5	19.80	7.82	1 070	18	19.26	4.28	0.23	0.57	3.39
	3.9	YDB42(3)-39	4.00×1.23	4 200	5	21.00	3.24	3 960	5	19.80	7.82	1 170	18	21.06	4.67	0.25	0.62	3.20
	4.2	YDB42(3)-42	4.00×1.33	4 200	5	21.00	3.24	3 960	5	19.80	7.82	1 270	18	22.86	5.07	0.27	0.67	3.03
	4.5	YDB42(3)-45	4.00×1.43	4 200	6	25.20	3.89	3 960	6	23.76	9.39	1 370	18	24.66	5.47	0.29	0.72	3.28
	4.8	YDB42(3)-48	4.00×1.53	4 200	6	25.20	3.89	3 960	6	23.76	9.39	1 470	18	26.46	5.87	0.31	0.77	3.13
	5.1	YDB42(3)-51	4.00×1.63	4 200	7	29.40	4.53	3 960	6	23.76	9.39	1 570	18	28.26	6.27	0.33	0.82	3.10
	5.4	YDB42(3)-54	4.00×1.73	4 200	7	29.40	4.53	3 960	7	27.72	10.95	1 670	18	30.06	6.67	0.35	0.87	3.20
	5.7	YDB42(3)-57	4.00×1.83	4 200	7	29.40	4.53	3 960	7	27.72	10.95	1 770	18	31.86	7.07	0.37	0.92	3.08
	6.0	YDB42(3)-60	4.00×1.93	4 200	8	33.60	5.18	3 960	7	27.72	10.95	1 870	18	33.66	7.47	0.39	0.97	3.06
	6.3	YDB42(3)-63	4.00×2.03	4 200	8	33.60	5.18	3 960	8	31.68	12.51	1 970	18	35.46	7.87	0.41	1.02	3.15
	6.6	YDB42(3)-66	4.00×2.13	4 200	9	37.80	5.83	3 960	8	31.68	12.51	2 070	18	37.26	8.27	0.43	1.07	3.12

底板材料表(五)

叠合板选用编号	垂直跨度方向尺寸(m)	底板编号	底板尺寸(m×m)	预应力钢筋$\phi^{H}5$①				普通受力钢筋⌀8(②+④)				分布钢筋⌀6(③+⑤)				混凝土体积(m^3)	底板自重(t)	每平方米用钢量(kg)
				长度(mm)	根数 m	共长(m)	共重(kg)	长度(mm)	根数 n	共长(m)	共重(kg)	长度(mm)	根数 j	共长(m)	共重(kg)			
YDB42(4)	3.3	YDB42(4)-33	4.00×1.03	4 200	4	16.80	2.59	3960	4	15.84	6.26	970	18	17.46	3.88	0.21	0.52	3.09
	3.6	YDB42(4)-36	4.00×1.13	4 200	5	21.00	3.24	3960	5	19.80	7.82	1 070	18	19.26	4.28	0.23	0.57	3.39
	3.9	YDB42(4)-39	4.00×1.23	4 200	5	21.00	3.24	3960	5	19.80	7.82	1 170	18	21.06	4.67	0.25	0.62	3.20
	4.2	YDB42(4)-42	4.00×1.33	4 200	5	21.00	3.24	3960	5	19.80	7.82	1 270	18	22.86	5.07	0.27	0.67	3.03
	4.5	YDB42(4)-45	4.00×1.43	4 200	6	25.20	3.89	3960	6	23.76	9.39	1 370	18	24.66	5.47	0.29	0.72	3.28
	4.8	YDB42(4)-48	4.00×1.53	4 200	6	25.20	3.89	3960	6	23.76	9.39	1 470	18	26.46	5.87	0.31	0.77	3.13
	5.1	YDB42(4)-51	4.00×1.63	4 200	7	29.40	4.53	3960	6	23.76	9.39	1 570	18	28.26	6.27	0.33	0.82	3.10
	5.4	YDB42(4)-54	4.00×1.73	4 200	7	29.40	4.53	3960	7	27.72	10.95	1 670	18	30.06	6.67	0.35	0.87	3.20
	5.7	YDB42(4)-57	4.00×1.83	4 200	7	29.40	4.53	3960	7	27.72	10.95	1 770	18	31.86	7.07	0.37	0.92	3.08
	6.0	YDB42(4)-60	4.00×1.93	4 200	8	33.60	5.18	3960	7	27.72	10.95	1 870	18	33.66	7.47	0.39	0.97	3.06
	6.3	YDB42(4)-63	4.00×2.03	4 200	8	33.60	5.18	3960	8	31.68	12.51	1 970	18	35.46	7.87	0.41	1.02	3.15
	6.6	YDB42(4)-66	4.00×2.13	4 200	9	37.80	5.83	3960	8	31.68	12.51	2 070	18	37.26	8.27	0.43	1.07	3.12
YDB45(2)	3.3	YDB45(2)-33	4.30×1.03	4 200	4	18.00	2.78	4260	4	17.04	6.73	970	19	18.43	4.09	0.22	0.55	3.07
	3.6	YDB45(2)-36	4.30×1.13	4 200	5	22.50	3.47	4260	5	21.30	8.41	1 070	19	20.33	4.51	0.24	0.61	3.37
	3.9	YDB45(2)-39	4.30×1.23	4 200	5	22.50	3.47	4260	5	21.30	8.41	1 170	19	22.23	4.94	0.26	0.66	3.18
	4.2	YDB45(2)-42	4.30×1.33	4 200	5	22.50	3.47	4260	5	21.30	8.41	1 270	19	24.13	5.39	0.29	0.71	3.01
	4.5	YDB45(2)-45	4.30×1.43	4 200	6	27.00	4.16	4260	6	25.56	10.10	1 370	19	26.03	5.78	0.31	0.77	3.26
	4.8	YDB45(2)-48	4.30×1.53	4 200	6	27.00	4.16	4260	6	25.56	10.10	1 470	19	27.93	6.20	0.33	0.82	3.11
	5.1	YDB45(2)-51	4.30×1.63	4 200	7	31.50	4.86	4260	6	25.56	10.10	1 570	19	29.83	6.62	0.35	0.88	3.08
	5.4	YDB45(2)-54	4.30×1.73	4 200	7	31.50	4.86	4260	7	29.82	11.78	1 670	19	31.73	7.04	0.37	0.93	3.18
	5.7	YDB45(2)-57	4.30×1.83	4 200	7	31.50	4.86	4260	7	29.82	11.78	1 770	19	33.63	7.47	0.39	0.98	3.06
	6.0	YDB45(2)-60	4.30×1.93	4 200	8	36.00	5.55	4260	7	29.82	11.78	1 870	19	35.53	7.89	0.41	1.04	3.04
	6.3	YDB45(2)-63	4.30×2.03	4 200	8	36.00	5.55	4260	8	34.08	13.46	1 970	19	37.43	8.31	0.44	1.09	3.13
	6.6	YDB45(2)-66	4.30×2.13	4 200	9	40.50	6.25	4260	8	34.08	13.46	2 070	19	39.33	8.73	0.46	1.14	3.10

底板材料表(六)

叠合板选用编号	垂直跨度方向尺寸(m)	底板编号	底板尺寸(m×m)	预应力钢筋φH5①				普通受力钢筋⌀8(②+④)				分布钢筋⌀6(③+⑤)				混凝土体积(m^3)	底板自重(t)	每平方米用钢量(kg)
				长度(mm)	根数 m	共长(m)	共重(kg)	长度(mm)	根数 n	共长(m)	共重(kg)	长度(mm)	根数 j	共长(m)	共重(kg)			
YDB45(3)	3.3	YDB45(3)-33	4.30×1.03	4 500	4	18.00	2.78	4 260	4	17.04	6.73	970	19	18.43	4.09	0.22	0.55	3.07
	3.6	YDB45(3)-36	4.30×1.13	4 500	5	22.50	3.47	4 260	5	21.30	8.41	1 070	19	20.33	4.51	0.24	0.61	3.37
	3.9	YDB45(3)-39	4.30×1.23	4 500	5	22.50	3.47	4 260	5	21.30	8.41	1 170	19	22.23	4.94	0.26	0.66	3.18
	4.2	YDB45(3)-42	4.30×1.33	4 500	5	22.50	3.47	4 260	5	21.30	8.41	1 270	19	24.13	5.39	0.29	0.71	3.01
	4.5	YDB45(3)-45	4.30×1.43	4 500	6	27.00	4.16	4 260	6	25.56	10.10	1 370	19	26.03	5.78	0.31	0.77	3.26
	4.8	YDB45(3)-48	4.30×1.53	4 500	6	27.00	4.16	4 260	6	25.56	10.10	1 470	19	27.93	6.20	0.33	0.82	3.11
	5.1	YDB45(3)-51	4.30×1.63	4 500	7	31.50	4.86	4 260	6	25.56	10.10	1 570	19	29.83	6.62	0.35	0.88	3.08
	5.4	YDB45(3)-54	4.30×1.73	4 500	7	31.50	4.86	4 260	7	29.82	11.78	1 670	19	31.73	7.04	0.37	0.93	3.18
	5.7	YDB45(3)-57	4.30×1.83	4 500	7	31.50	4.86	4 260	7	29.82	11.78	1 770	19	33.63	7.47	0.39	0.98	3.06
	6.0	YDB45(3)-60	4.30×1.93	4 500	8	36.00	5.55	4 260	7	29.82	11.78	1 870	19	35.53	7.89	0.41	1.04	3.04
	6.3	YDB45(3)-63	4.30×2.03	4 500	8	36.00	5.55	4 260	8	34.08	13.46	1 970	19	37.43	8.31	0.44	1.09	3.13
	6.6	YDB45(3)-66	4.30×2.13	4 500	9	40.50	6.25	4 260	8	34.08	13.46	2 070	19	39.33	8.73	0.46	1.14	3.10
YDB45(4)	3.3	YDB45(4)-33	4.30×1.03	4 500	4	18.00	2.78	4 260	4	17.04	6.73	970	19	18.43	4.09	0.22	0.55	3.07
	3.6	YDB45(4)-36	4.30×1.13	4 500	5	22.50	3.47	4 260	5	21.30	8.41	1 070	19	20.33	4.51	0.24	0.61	3.37
	3.9	YDB45(4)-39	4.30×1.23	4 500	5	22.50	3.47	4 260	6	25.56	10.10	1 170	19	22.23	4.94	0.26	0.66	3.50
	4.2	YDB45(4)-42	4.30×1.33	4 500	5	22.50	3.47	4 260	6	25.56	10.10	1 270	19	24.13	5.39	0.29	0.71	3.31
	4.5	YDB45(4)-45	4.30×1.43	4 500	6	27.00	4.16	4 260	7	29.82	11.78	1 370	19	26.03	5.78	0.31	0.77	3.53
	4.8	YDB45(4)-48	4.30×1.53	4 500	6	27.00	4.16	4 260	7	29.82	11.78	1 470	19	27.93	6.20	0.33	0.82	3.37
	5.1	YDB45(4)-51	4.30×1.63	4 500	7	31.50	4.86	4 260	7	29.82	11.78	1 570	19	29.83	6.62	0.35	0.88	3.32
	5.4	YDB45(4)-54	4.30×1.73	4 500	7	31.50	4.86	4 260	8	34.08	13.46	1 670	19	31.73	7.04	0.37	0.93	3.41
	5.7	YDB45(4)-57	4.30×1.83	4 500	7	31.50	4.86	4 260	9	38.34	15.14	1 770	19	33.63	7.47	0.39	0.98	3.49
	6.0	YDB45(4)-60	4.30×1.93	4 500	8	36.00	5.55	4 260	9	38.34	15.14	1 870	19	35.53	7.89	0.41	1.04	3.44
	6.3	YDB45(4)-63	4.30×2.03	4 500	8	36.00	5.55	4 260	9	38.34	15.14	1 970	19	37.43	8.31	0.44	1.09	3.32
	6.6	YDB45(4)-66	4.30×2.13	4 500	9	40.50	6.25	4 260	9	38.34	15.14	2 070	19	39.33	8.73	0.46	1.14	3.29

底板材料表(七)

叠合板选用编号	垂直跨度方向尺寸(m)	底板编号	底板尺寸(m×m)	预应力钢筋φ^{H}5①				普通受力钢筋⌀8(②+④)				分布钢筋⌀6(③+⑤)				混凝土体积(m^3)	底板自重(t)	每平方米用钢量(kg)
				长度(mm)	根数 m	共长(m)	共重(kg)	长度(mm)	根数 n	共长(m)	共重(kg)	长度(mm)	根数 j	共长(m)	共重(kg)			
YDB48(2)	5.7	YDB48(2)-57	4.60×1.83	4 800	9	43.20	6.66	4 560	7	31.92	12.61	1 770	20	35.40	7.86	0.42	1.05	3.22
	6.0	YDB48(2)-60	4.60×1.93	4 800	10	48.00	7.40	4 580	7	31.92	12.61	1 870	20	37.40	8.30	0.44	1.11	3.19
	6.3	YDB48(2)-63	4.60×2.03	4 800	10	48.00	7.40	4 580	8	36.48	14.41	1 970	20	39.40	8.75	0.47	1.17	3.27
	6.6	YDB48(2)-66	4.60×2.13	4 800	11	52.80	8.14	4 580	8	36.48	14.41	2 070	20	41.4.	9.19	0.49	1.22	3.24
	6.9	YDB48(2)-69	4.60×2.23	4 800	11	52.80	8.14	4 580	9	41.04	16.21	2 170	20	43.40	9.63	0.51	1.28	3.31
YDB48(3)	5.7	YDB48(3)-57	4.60×1.83	4 800	9	43.20	6.66	4 560	7	31.92	12.61	1 770	20	35.40	7.86	0.42	1.05	3.22
	6.0	YDB48(3)-60	4.60×1.93	4 800	10	48.00	7.40	4 560	7	31.92	12.61	1 870	20	37.40	8.30	0.44	1.11	3.19
	6.3	YDB48(3)-63	4.60×2.03	4 800	10	48.00	7.40	4 560	8	36.48	14.41	1 970	20	39.40	8.75	0.47	1.17	3.27
	6.6	YDB48(3)-66	4.60×2.13	4 800	11	52.80	8.14	4 560	8	36.48	14.41	2 070	20	41.4.	9.19	0.49	1.22	3.24
	6.9	YDB48(3)-69	4.60×2.23	4 800	11	52.80	8.14	4 560	9	41.04	16.21	2 170	20	43.40	9.63	0.51	1.28	3.31
YDB48(4)	5.7	YDB48(4)-57	4.60×1.83	4 800	9	43.20	6.66	4 560	8	36.48	14.41	1 770	20	35.40	7.86	0.42	1.05	3.44
	6.0	YDB48(4)-60	4.60×1.93	4 800	10	48.00	7.40	4 560	9	41.04	16.21	1 870	20	37.40	8.30	0.44	1.11	3.59
	6.3	YDB48(4)-63	4.60×2.03	4 800	10	48.00	7.40	4 560	9	41.04	16.21	1 970	20	39.40	8.75	0.47	1.17	3.47
	6.6	YDB48(4)-66	4.60×2.13	4 800	11	52.80	8.14	4 560	9	41.04	16.21	2 070	20	41.4.	9.19	0.49	1.22	3.42
	6.9	YDB48(4)-69	4.60×2.23	4 800	11	52.80	8.14	4 560	10	45.60	18.01	2 170	20	43.40	9.63	0.51	1.28	3.49
YDB51(2)	6.3	YDB51(2)-63	4.90×2.03	5 100	10	51.00	7.86	4 860	9	43.74	17.28	1 970	21	41.37	9.18	0.50	1.24	3.45
	6.6	YDB51(2)-66	4.90×2.13	5 100	11	56.10	8.68	4 860	9	43.74	17.28	2 070	21	43.47	9.65	0.52	1.30	3.41
	6.9	YDB51(2)-69	4.90×2.23	5 100	11	56.10	8.68	4 860	10	48.60	19.20	2 170	21	45.57	10.12	0.55	1.37	3.47
	7.2	YDB51(2)-72	4.90×2.33	5 100	12	61.20	9.44	4 860	10	48.60	19.20	2 270	21	47.67	10.58	0.57	1.43	3.43
	7.5	YDB51(2)-75	4.90×2.43	5 100	12	61.20	9.44	4 860	11	53.46	21.12	2 370	21	49.77	11.05	0.60	1.49	3.49
YDB51(3)	6.3	YDB51(3)-63	4.90×2.03	5 100	10	51.00	7.86	4 860	9	43.74	17.28	1 970	21	41.37	9.18	0.50	1.24	3.45
	6.6	YDB51(3)-66	4.90×2.13	5 100	11	56.10	8.68	4 860	9	43.74	17.28	2 070	21	43.47	9.65	0.52	1.30	3.41
	6.9	YDB51(3)-69	4.90×2.23	5 100	11	56.10	8.68	4 860	10	48.60	19.20	2 170	21	45.57	10.12	0.55	1.37	3.47
	7.2	YDB51(3)-72	4.90×2.33	5 100	12	61.20	9.44	4 860	10	48.60	19.20	2 270	21	47.67	10.58	0.57	1.43	3.43
	7.5	YDB51(3)-75	4.90×2.43	5 100	12	61.20	9.44	4 860	11	53.46	21.12	2 370	21	49.77	11.05	0.60	1.49	3.49

底板材料表(八)

叠合板选用编号	垂直跨度方向尺寸(m)	底板编号	底板尺寸(m×m)	预应力钢筋$\phi^{H}5$①				普通受力钢筋⌀8(②+④)				分布钢筋⌀6(③+⑤)				混凝土体积(m^3)	底板自重(t)	每平方米用钢量(kg)
				长度(mm)	根数 m	共长(m)	共重(kg)	长度(mm)	根数 n	共长(m)	共重(kg)	长度(mm)	根数 j	共长(m)	共重(kg)			
YDB51(4)	6.3	YDB51(4)-63	4.90×2.03	5 100	10	51.00	7.86	4 860	9*	43.74	26.98	1 970	21	41.37	9.18	0.50	1.24	4.43
	6.6	YDB51(4)-66	4.90×2.13	5 100	11	56.10	8.68	4 860	9*	43.74	26.98	2 070	21	43.47	9.65	0.52	1.30	4.34
	6.9	YDB51(4)-69	4.90×2.23	5 100	11	56.10	8.68	4 860	10*	48.60	29.98	2 170	21	45.57	10.12	0.55	1.37	4.46
	7.2	YDB51(4)-72	4.90×2.33	5 100	12	61.20	9.44	4 860	10*	48.60	29.98	2 270	21	47.67	10.58	0.57	1.43	4.38
	7.5	YDB51(4)-75	4.90×2.43	5 100	12	61.20	9.44	4 860	11*	53.46	32.98	2 370	21	49.77	11.05	0.60	1.49	4.49
YDB54(2)	7.2	YDB54(2)-72	5.20×2.33	5 400	12	64.80	9.99	5 160	10	51.60	20.38	2 270	22	49.94	11.09	0.61	1.51	3.42
	7.5	YDB54(2)-75	5.20×2.43	5 400	12	64.80	9.99	5 160	11	56.76	22.42	2 370	22	52.14	11.58	0.63	1.58	3.48
YDB54(3)	7.2	YDB54(3)-72	5.20×2.33	5 400	12	64.80	9.99	5 160	10	51.60	20.38	2 270	22	49.94	11.09	0.61	1.51	3.42
	7.5	YDB54(3)-75	5.20×2.43	5 400	12	64.80	9.99	5 160	11	56.76	22.42	2 370	22	52.14	11.58	0.63	1.58	3.48
YDB54(4)	7.2	YDB54(3)-72	5.20×2.33	5 400	12	64.80	9.99	5 160	10*	51.60	31.83	2 270	22	49.94	11.09	0.61	1.51	4.37
	7.5	YDB54(3)-75	5.20×2.43	5 400	12	64.80	9.99	5 160	11*	56.76	35.02	2 370	22	52.14	11.58	0.63	1.58	4.48
YDB57(2)	7.5	YDB57(2)-75	5.50×2.43	5 700	12	68.40	10.55	5 480	11	60.06	23.72	2 370	23	54.51	12.10	0.67	1.67	3.49
YDB57(3)	7.5	YDB57(3)-75	5.50×2.43	5 700	12	68.40	10.55	5 480	11*	60.06	37.05	2 370	23	54.51	12.10	0.67	1.67	4.47
YDB57(4)	7.5	YDB57(4)-75	5.50×2.43	5 700	15	85.50	13.18	5 480	11*	60.06	37.05	2 370	23	54.51	12.10	0.67	1.67	4.66

注：带“*”的表示普通受力钢筋采用⌀10。

说 明

1 荷载传导分类

预应力混凝土叠合板底板与周边梁相交位置，梁对底板均形成可靠受力支撑，三跨底板组成的底板的荷载传导近似按双向板导荷载。下图中，当板面现浇层完全破坏且不考虑板缝间的机械咬合、摩擦作用，按照完全分离状态下进行分析。

(a) 当$B/2 \leq L/3$时，预应力混凝土叠合板的荷载传导与现浇板无差别；

(b) 当$B/2 > L/3$时，预应力混凝土叠合板的边板荷载覆盖面传导呈递减趋势，中间板荷载传导覆盖面呈递增趋势；

(c) 当$B=L$时，预应力混凝土叠合板的荷载传导覆盖面的荷载增减量为1/9。

故板荷载传递可以按照现浇板考虑，即不会导致部分竖向构件承担过大荷载。

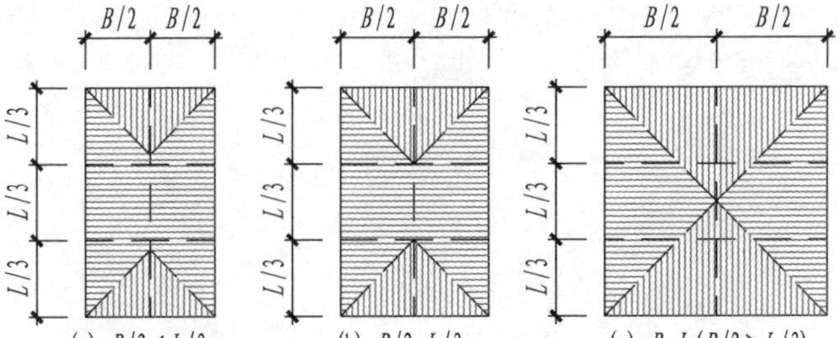

(a) $B/2<L/3$　　(b) $B/2=L/3$　　(c) $B=L$ $(B/2>L/3)$

2 密拼板荷载试验情况

密拼缝的处理

密拼缝的处理—荷载作用下

密拼缝的处理—局部加载

密拼缝的处理—面加载

密拼缝的处理—面加载后

卸载后室外环境2个月